Decoration

中华人民共和国成立 70 周年建筑装饰行业献礼

上海新丽装饰精品

中国建筑装饰协会　组织编写

上海新丽装饰工程有限公司　编著

中国建筑工业出版社

新丽　中华人民共和国成立 70 周年建筑装饰行业献礼

Xinli Decoration

3

editorial board

丛书编委会

本书编委会

总指导	刘晓一				
总审稿	王本明				
主　编	陈　丽				
副主编	崔为民	周美根			
编委会主任	吴　晞				
副主任	王　刚	马五强	刘　倩	宿利群	田海婴
	张庆华	马继志	曹静杰	刘　辉	于筱渝
	宋　捷	兰　海	林　洋	李怀生	王中国
	闫　工	洪麦恩	田洪茹	郑玮琨	郭欣建
编委成员	孙建强	何　强	李伟德	王益明	忻　江
	张卫飞	郭　俊	季　杰	倪永桃	苏新财
	胡宏炜	陈时悦	尚昌平	张佳亮	谭　斌
	钱晓青	郭顾培	王献伟	陆慧嵘	张　浩
	陶国宇	刘　倩	杨　怡	彭　然	李合群
	张星雯	王　浩	姚　薇	何杨胤	丁　柳
	张绪清	谭珺丹	林受晟		

foreword

序一

中国建筑装饰协会名誉会长
马挺贵

伴随着改革开放的步伐，中国建筑装饰行业这一具有政治、经济、文化意义的传统行业焕发了青春，得到了蓬勃发展。现在建筑装饰行业已成为年产值数万亿元、吸纳劳动力 1600 多万人、并持续实现较高增长速度、在社会经济发展中具有基础性作用的支柱型行业，成为名副其实的"资源永续、业态常青"的行业。

中国建筑装饰行业的发展，不仅有着坚实的社会思想、经济实力及技术发展的基础，更有行业从业者队伍的奋勇拼搏、敢于创新、精益求精的社会责任担当。建筑装饰行业的发展，不仅彰显了我国经济发展的辉煌，也是中华人民共和国成立 70 周年，尤其是改革开放 40 多年发展的一笔宝贵的财富，值得认真总结，大力弘扬，更好地激励行业不断迈向新的高度，为建设富强、美丽的中国再立新功。

本系列丛书，是由中国建筑装饰协会和中国建筑工业出版社合作，共同组织编撰的一套展现中华人民共和国成立 70 周年来，中国建筑装饰行业取得辉煌成就的专业科技类书籍。本套丛书系统总结了行业内优秀企业的工程运作经验，这在行业中是第一次，也是行业内一件非常有意义的大事，是行业深入贯彻落实习近平社会主义新时期理论和创新发展战略，提高服务意识和能力的具体行动。

本套丛书集中展现了中华人民共和国成立 70 周年，尤其是改革开放 40 多年来，中国建筑装饰行业领军大企业的发展历程，具体展现了优秀企业在管理理念升华、技术创新发展与完善方面取得的具体成果。本套丛书的出版是对优秀企业和企业家的褒奖，也是对行业技术创新与发展的有力推动，对建设中国特色社会主义现代化强国有着重要的现实意义。

感谢中国建筑装饰协会秘书处和中国建筑工业出版社以及参编企业相关同志的辛勤劳动，并祝中国建筑装饰行业健康、可持续发展。

为了庆祝中华人民共和国成立 70 周年，中国建筑装饰协会和中国建筑工业出版社合作，于 2017 年 4 月决定出版一套以行业内优秀企业为主体、展现中华人民共和国成立 70 周年，尤其是改革开放 40 多年来建筑装饰成果的系列丛书，并作为协会的一项重要工作任务，派出了专人负责进行筹划、组织，推动此项工作顺利进行。在出版社强力支持下，经过参编企业和协会秘书处一年多的共同努力，现在已经开始陆续出版发行了。

建筑装饰行业是一个与国民经济各部门紧密联系、与人民福祉密切相关、高度展现国家发展成就的基础行业，在国民经济与社会发展中具有极为重要的作用。中华人民共和国成立 70 周年，尤其是改革开放 40 多年来，我国建筑装饰行业在全体从业者的共同努力下，紧跟国家发展步伐，全面顺应国家发展战略，取得了辉煌成就。本套丛书就是一套反映建筑装饰企业发展在管理、科技方面取得具体成果的一套书籍，不仅是对以往成果的总结，更有推动行业今后发展的战略意义。

党的十八大之后，我国经济发展进入新常态。在协调、创新、绿色、共享的新发展理念指导下，我国经济已经进入供给侧结构性改革的新发展阶段。中国特色社会主义建设进入新时代后，为建筑装饰行业发展提供了新的机遇和空间，企业也面临着新的挑战，必须进行新探索。其中动能转换、模式创新、互联网＋、国际产能合作等建筑装饰企业发展的新思路、新举措，将成为推动企业发展的新动力。

党的十九大提出"人民日益增长的美好生活需要和不平衡不充分的发展之间的矛盾是当前我国社会主要矛盾"，这对建筑装饰行业与企业发展提出新的要求。人民对环境质量要求的不断提升，互联网、物联网等网络信息技术的普及应用，建筑技术、建筑形态、建筑材料的发展，推动工程项目管理转型升级、提质增效、培育和弘扬工匠精神等，都是当前建筑装饰企业极为关心的重大课题。

本丛书以业内优秀企业建设的具体工程项目为载体，直接或间接地展现出的对行业、企业、项目管理、技术创新发展等方面的思考心得、行动方案和经验收获，对在决胜全面建成小康社会，实现两个一百年的奋斗目标中实现建筑装饰行业的健康、可持续发展，具有重要的学习与借鉴作用。

愿行业广大从业者能从本套丛书中汲取到营养和能量，使本套丛书成为推动建筑装饰行业发展的助推器和润滑剂。

Xinli Decoration

上海新丽装饰工程有限公司创立于 1993 年 5 月 12 日，是世界 500 强企业上海建工集团的骨干成员——上海建工四建集团有限公司的全资子公司。公司产品系列覆盖基础设施、高端装饰、大型文化展馆、医疗卫生、城市更新等众多领域，具有国家建设部批准的建筑装修装饰工程专业承包壹级资质，建筑装饰工程设计专项甲级资质，建筑幕墙工程专业承包壹级资质，建筑幕墙工程设计专项乙级资质，房屋建筑工程施工总承包贰级资质，机电设备安装工程专业承包贰级资质，文物保护工程施工贰级资质，文物保护工程勘察设计丙级资质。公司先后被评为中国最具影响力的十大室内建筑设计机构、中国建筑装饰行业百强企业、上海市建筑业诚信企业、国家工商行政管理总局"守合同重信用"企业、上海市信得过建筑装饰企业，荣获上海市重大工程立功竞赛优秀公司称号。荣获国家建筑工程最高荣誉奖"鲁班奖"19 项，"国家优质工程奖"3 项，上海市"白玉兰奖"110 项，全国建筑工程装饰奖 42 项。

公司秉承"和谐为本、追求卓越"的企业理念，"开拓、竞争、务实、从严"的企业精神，"严格管理、严肃纪律"的企业作风，遵循"诚信、质量、服务"的企业宗旨，严格按照质量管理体系、环境管理体系和职业健康安全管理体系标准组织设计和施工，将装饰工程打造为精美的画册。先后承建或参建了诸多城市地标性建筑工程：中共一大纪念馆、上海迪士尼乐园及配套工程、中华艺术宫、世博轴、上海交响乐团、上海金茂大厦、上海中心大厦、上海大世界、上海震旦国际大厦、广州电视塔、杭州滨江银泰喜来登酒店等。参与了和平饭店、新天安堂、上海体育博物馆、外滩源真光广学大楼、协进大楼、亚洲文会大楼、中实大楼、兰心大楼等历史性保护建筑的修缮工程；上海大剧院、世博文化中心、世博会博物馆、上海音乐学院、上海东方艺术中心、上海市少年儿童图书馆、宛平剧院、兰心大戏院等文化类建筑工程；上海虹桥高铁站、上海虹桥国际机场扩建工程东航基地工程、上海铁路南站、轨道交通 10 号线等交通枢纽建设工程；上海市仁济医院、瑞金医院、肿瘤医院、第一人民医院等医疗卫生系统大楼的装修工程以及老港再生能源利用中心等重点环境水务工程；公司还积极履行社会责任，参与都江堰灾后重点援建工程——都江堰医疗中心装修工程的建设。此外，公司跟随集团全国化的战略布局，先后在全国各地承接了济南鲁能领秀城商业综合体、海口希尔顿逸林酒店、天津鲁能绿荫里希尔顿酒店、三亚山海天酒店、三亚湾新城港湾区配套公寓、四川九寨沟鲁能希尔顿酒店、中国船舶大厦、中国金融信息大厦、中石化科研及办公用房、北京京西宾馆、北京金融街丽兹卡尔顿酒店等诸多工程，为上海建工集团成为国际一流的建筑全生命周期服务商作出了贡献。

contents

目录

016   北京金融街丽思卡尔顿酒店室内精装修

040   上海世博 VIP 洲际酒店室内精装修

048   上海英迪格洲际酒店室内精装修

056   上海衡山路 12 号豪华精选酒店室内精装修

070   上海金茂大厦首层室内精装修

074   上海南站建筑室内精装修

080   上海虹桥高铁站室内精装修

090   上海电影博物馆室内精装修

098   上海迪士尼小镇外立面工程

112   中国金融信息大厦室内精装修

126   上海交响乐团音乐厅精装修

134　中国银行上海市分行室内修缮及精装修

142　上海外滩源历史建筑外墙修缮

150　外滩 12 号浦发银行室内装饰设计与精装修

156　大世界保护室内修缮

160　露香园住宅室内精装修

170　上海黄浦区翠湖四期住宅室内精装修

180　上海 JW 万豪侯爵酒店项目精装修工程

186　上海轨道交通网络运营指挥调度大楼精装修

192　中国共产党第一次全国代表大会纪念馆屋顶及
　　　外立面工程

新丽 装饰精品

新丽 装饰精品

北京金融街丽思卡尔顿酒店室内精装修

项目地点

北京市金融街 F7、F9 大厦

工程规模

1488.037 万元

建设单位

金融街控股股份有限公司

开竣工时间

2005 年 12 月 ~2006 年 7 月

获得奖项

2007 年中国建筑工程装饰奖

THE RITZ-CARLTON

全国社会保障

酒店外立面夜景

北京金融街丽思卡尔顿酒店位于北京市西城区金融街开发园区，为北京第一家、全国第三家丽思卡尔顿酒店，属于世界顶级超豪华五星级酒店。整个建筑以玻璃幕墙为外装饰，海蓝色的隐框玻璃幕墙，晚上灯光流丽如水杜，体现出其整体豪华的气质。

本工程建设单位是金融街控股股份有限公司。总承包为中国建筑第二工程局，监理单位为北京双圆工程咨询监理有限公司，设计单位是美国 H.B.A，新丽负责进行设计深化及现场施工深化，施工范围为公共部位，主要包括迎宾广场、首层大堂、全天候餐厅、意大利餐厅、精品商店、二层中餐厅、回廊、商务中心、董事会议室、大型宴会厅，B1 层休闲、健身中心等装饰部分，面积约 6000m²。公共区域是整个酒店的重点装饰部位。

在图纸深化方面，以现场为基础，以实现设计意图及将设计意图转化为现实作品为目的，将现场无法达到设计要求的地方及时反馈给设计师，将设计方案不明确的地方及时以施工图的形式反映给设计师，避免不切实际的设计意图，减少不必要的施工拆改及材料浪费，保证整体效果。

北京丽思卡尔顿酒店的整体设计以世界超五星的目光，结合中西方气质，稳重、豪华、宁静、自然，充满无限魅力。

大量不同材料及几种新兴材料的搭配，创造了丰富多彩的公共空间。酒店公共区域使用的主要饰面材料有：UP（软包），共 18 种；ST（石材），共 6 种；MT（不锈钢），共 6 种；WC（壁纸），共 8 种；WD（木饰面），共 3 种；GL（玻璃），共 4 种。

其中新兴的装饰材料有珍珠母、人造天然水晶玻璃、天然水晶石、白铜、天然白玉石、天然黄玉石、天然玛瑙玉石板、渐变丝网玻璃、祥云雕刻等。

迎宾广场

迎宾广场建筑面积 680m²，不锈钢拉杆节点式玻璃天棚，无立柱构造，是建筑的一大亮点。四周玻璃窗外装饰不锈钢柚木格栅，地面石材为优雅绿，深色的石材地面和柚木格栅的搭配以及中心广场喷泉的灵动，体现了酒店稳重、亲切的气质。

酒店外立面日景

大堂主入口玻璃网架日景

大堂主入口玻璃网架夜景

首层大堂

首层大堂以新中式风格为主。面积约 $800m^2$，主要饰面材料为木饰面、石材、珍珠
母贝壳，植物与艺术品为衬托。木饰面以黑檀木与白影木为主要材料。石材主要以
白砂米黄为主，用于整个大堂空间，衬托大堂的高雅及舒适，给人以温馨的感觉。
珍珠母贝壳由天然贝壳制成，代表现代建筑装饰材料的最高档次，大面积的使用体
现了酒店的奢华与高贵，同时又体现了回归自然的设计理念。另外，大堂的水晶咖
啡吧、茶吧、大堂服务台设施要求高，质量要求严。总服务台的背景由世界著名艺

大堂休息区

术家手工制作的纯铜纹样装饰。这些材料及艺术品的运用，均体现出丽思卡尔顿酒店在全球酒店业中的独特艺术理念和文化内涵。

大堂的咖啡吧台位于通往二楼的楼梯下，整个吧台以白玉石作为立面装饰材料，倒三角形人造仿天然水晶石作为台面。为了达到天然水晶石的效果，倒三角形的两个底面做成鱼鳞形的凹凸面，在台面内加入仿天然水晶石的纹理。加工多块后供设计师选择，最终取得了很好的艺术效果。在大堂施工中，碰到很多施工难题，墙面白砂米黄板块大（最大板块 1200mmx2375mm），材质软，安装难度大，容易缺角爆边。现场项目部同 HBA 总设计协商，要求横边倒角 3mm，加强横向立体感，避免板块缺口爆边，这得到了业主监理的好评。

大堂地坪石材由黄玉和白玉组成，这样的石材用于地坪上不常见，因为这种石材比较稀少，材料封闭性能差，非常容易变色。现场项目部与公司领导非常重视，亲自来工地指导，及时解决施工难题。公共楼梯是悬挑钢结构，没有外挑支撑，难度较大；施工过程中钢板变形，结构同设计不符，请设计专家论证后终于按照施工方案进行。采取每格踏步安装顶头钢丝、增加弹簧片，硬软结合的方法。楼梯中间墙体采用目前国内最先进材料——珍珠母贝壳装饰整个墙面，以镀镍不锈钢条分隔珍珠母，局部装饰天然水晶石多彩灯带。楼梯的镀镍不锈钢栏杆横断面为梅花形，加工难度大；采用香港无缝不锈钢管一次压成技术，最终解决了难题。栏杆玻璃为渐变磨砂玻璃，以当时国内的加工工艺还无法做到。施工方同业主及设计师协调，采用丝网夹胶渐变玻璃来代替渐变磨砂玻璃，达到了设计师要求的效果。

大堂圆柱以白影木雕刻中国古典花纹装饰纹样镀 24K 真金装饰，寓意金融街控股股份有限公司的企业文化源远流长。由于是圆柱，要保证花纹顺畅及连续性难度更大，经过筛选，做了很多块样板让设计师确认，最终达到设计师要求，解决了又一个难点。大堂服务台吊顶以白影木饰面，由于白影木的纹理清

大堂酒吧台

大堂休息区一角

晰，安装时要考虑纹理的连续性。而大堂服务台吊顶为不规则弧形，增加了施工难度。为了保证效果，先将弧形部位投影到地面，在地面进行分格，严格控制安装精度，确保达到最佳效果。整个楼梯在黑檀木的深色背景下，悬挑于大堂一侧，丝网夹胶渐变玻璃的护栏接缝处配以镀镍不锈钢制作的祥云护件，犹如通往云霄的天梯，映衬了高贵、典雅、亲切的大堂空间。

大堂接待台

大堂电梯厅

大堂电梯厅是通往各个楼层的重要交通空间，立面主要以黑檀木、白砂米黄及不锈钢蚀刻花纹装饰，吊顶祥云浮雕装饰。地面黄玉石和白玉石搭配铺贴。整个电梯厅色彩分明，简洁明快。宴会厅侧电梯厅主要饰面材料有黑檀木饰面、红色软包、米色软包、蚀刻花纹镜面不锈钢。不同电梯厅不同的材质变化，丰富了交通空间。

客梯立面

全天候餐厅

全天候餐厅典雅、舒适，是技术与艺术的巧妙结合，面积约 320m²。顶面花格富丽堂皇，最大的花格直径 9000mm。每一个花瓣都经过实地放样，然后由工厂加工，吊装至吊顶用不锈钢吊杆固定。花式吊顶和艺术花格灯饰相映成辉，富丽堂皇。地面主要以黄玉石和白玉石搭配，局部以不同颜色的天然玉石拼成多彩花朵。为了保证设计师的创意得到完美展现，严格按照施工图进行放线，保证每一朵天然玉石拼花的位置。立面局部装饰艺术夹胶玻璃及天然大理石制成的文化石，艺术夹胶玻璃内的胶片由国外进口，保证了色彩的艳丽和清晰，优于国内同类产品。圆柱以斑马木饰面，局部隔断全部以珍珠母饰面装饰。整个全天候餐厅给人以异域风情的体验。

全天候餐厅一侧

浮云造型灯

地面以天然玉石拼成的花朵

全天候餐厅

意大利餐厅

意大利餐厅的设计以百年建筑房屋尺度凝聚世界目光，再现欧洲气质稳重之精髓，繁华、宁静、自然交融，充满无限魅力，面积约 320m²。整个意大利餐厅分为两部分：就餐区和前厅。前厅主要以白砂米黄装饰墙面。局部配以镀镍不锈钢蚀刻花纹和深色木格栅。就餐区整个区域地面抬高 400mm。全部以钢结构支撑。主要饰面材料为黑檀木饰面、墙面进口拼花软包。吊顶以蘑菇造型艺术品装饰。地面为进口铁刀木实木复合地板。意大利餐厅的重点在于酒柜，酒柜高度 4500mm，如果制作工艺不精良，很容易变形。为了保证不变形，用方钢龙骨，外侧黑檀木饰面。以黑檀木色为主色调，以镀镍不锈钢为材料制作的中式格子和丝网渐变夹胶玻璃来搭配大面积的木饰面，以及水晶吊灯的点缀，使整个意大利餐厅既不失传统意大利餐厅的浪漫，又融合了中式的典雅和高贵。

意大利餐厅

意大利餐厅装饰

宴会厅

丽思卡尔顿宴会厅区域分别由宴会厅、宴会厅会议室、宴会厅前厅三个部分组成，面积约 1200m²。本着一切为业主着想，一切为业主负责的宗旨，克服了一系列困难，综合工程实际特点，对人、环、料、机、法五大因素进行全面控制。宴会厅会议室主要材料为白影木。白影木的材质比较难选，有多种白影材质，档次也不同，施工难度大。项目部在施工前，准备了多块样板及技术方案，经过甲方、监理、设计师确认后再进行大面积施工，确保了最终效果。宴会厅前厅主要材料为白影木、祥云、艺术品及地毯。祥云是古典中式装饰符号，具有很强的装饰性，但是大面积施工技术难度大，由于要保证纹理的连续性，在祥云雕刻方面，邀请浙江东阳雕刻大师亲自雕刻，在安装前对每一朵祥云进行编号，同雕刻大师一道安装完成。宴会厅入口门由手工打造的白铜装饰，在高度工业化的今天，手工打造的装饰品愈显高贵、典

宴会厅全景

雅。宴会厅立面主要为进口软包，立面与顶棚交接处装饰水晶玻璃，背部灯带装饰。灯光开启，将整个水晶玻璃穹顶托起。宴会厅通往厨房的门中间用天然玉石装饰，由于天然玉石质地软，纹理的位置容易断裂，所以在天然玉石背面用玻璃加强天然玉石的强度，既保证了玉石的天然通透性，又保证了强度。宴会厅艺术顶棚和人造水晶玻璃穹顶，品位超前，但是由于人造水晶玻璃体积大，重量重，对顶棚的荷载提出了很高要求。由于原楼体结构板达不到人造水晶玻璃穹顶的荷载要求，在精确

宴会厅餐厅入口

宴会厅水晶吊灯

计算后，用钢架做结构托住每一个人造水晶玻璃穹顶，既满足了装饰设计要求，又满足了技术荷载要求。同时，水晶玻璃穹顶为半透明水晶玻璃，为了保证穹顶背部灯带的效果，又将每一个穹顶背部用石膏板封闭，表面刮白，保证了灯带的效果。穹顶的人造水晶玻璃材料，目前国内比较稀有，生产及安装难度非常大，宴会厅穹顶的水晶玻璃造型独特，是三弧型的造型，最大为 3200mm×600mm，人造水晶的厂家没有这么大的生产工具，这给施工方带来了很大的压力。经过几个月的考察及筛选，最终确定了一家经验丰富的水晶玻璃厂商。在制作水晶的过程中难度及风险都是非常大的，而工期又非常紧张，所以制订了一套完整的方案。考虑到水晶的运输难度、安装难度、制作难度，决定在安装穹顶的时候每块都以人工吊装，不使用机械设备。施工人员及厂方的安装人员，每天吃住工地，把安全质量降到零点，最终圆满完成了宴会厅的装饰重点——人造水晶玻璃穹顶，再配合水晶吊灯，保证了宴会厅室内精装修端庄宏伟、大气派高贵的效果。

中餐厅

中餐厅面积约440m²，主要装饰材料为黑色油漆、红色油漆、深色石材、中式纹样壁纸、中式古典纹样镀银饰面及银箔画。中式古典纹样镀银饰面同大堂圆柱的花纹相同，同样寓意金融街控股股份有限公司的企业文化源远流长。银箔画均是国内著名画家的手笔，以花鸟为主。中餐厅主要分为两部分：包房和散座区。包房立面主要以黑色油漆饰面，配以银箔花鸟画，顶棚中式纹样壁纸。电视隐藏在可推拉的花鸟画面

中餐厅格栅

中餐厅黑色石材门

中餐厅休息区

中餐厅花鸟画面板

板后，电视开关面板隐藏在可推拉不锈钢面板内，体现了艺术与技术的完美结合。中餐厅主要提取中式装饰风格中的红、黑、银色彩元素和中式格栅的造型元素为装饰符号，配以水晶吊灯，体现中西结合的设计思想。中餐厅在施工过程中的难点在于入口处的黑色石材门。由于中餐厅的层高为3300mm，为了保证装饰效果，3300mm高、50mm厚的石材分为三块，三块石材之间用钢筋连接，增加石材的强度；地面用钢架做槽，将整个石材固定在槽内，保证了装饰效果和工程质量。

公共走廊

丽思卡尔顿酒店一层、二层公共走廊的装饰风格与整个大堂的装饰风格保持一致。主要以抛光白砂米黄装饰整个墙面。窗户及门以黑檀木屏风装饰。整个通过空间给人以大气、精致的感觉。通往二层的楼梯是通过空间中的精彩之处。整个楼梯以钢结构为骨架，中心以钢梁为主梁，挑起每一阶踏步的钢板。以弧形镜面不锈钢装饰主梁，视觉上减轻了整根钢梁的重量感。每一个台阶以雪花白大理石及弧形镀镍不锈钢装饰。钢结构的楼梯基础保证了楼梯的轻盈、通透。大楼梯下是一个由黑色不锈钢装饰的水景喷泉，喷泉里是著名雕塑家的雕塑作品，缓缓的水流为室内空间增加了一丝大自然的气息。楼梯侧墙面采用珍珠母装饰。珍珠母为天然贝壳加工制成，既表达了回归自然的愿望，又体现了现代科技的力量。大面积的珍珠母墙面在镀镍不锈钢与天然水晶石多彩灯带的配合下，贴切地表达了酒店高贵、自然、清新脱俗的酒店文化。公共区域共有四个卫生间，二层宴会厅大卫生间以白砂米黄大理石和白影木为主要材料，一层卫生间以白砂米黄和黑檀木为主要材料。不同区域的卫生间采用不同的木饰面，色调分明，配以德国进口卫生洁具、不锈钢中式造型的镜子。色调秉承了整个公共空间的色彩感觉，清淡、高雅。

丽思卡尔顿酒店公共区域的机电末端安装也由新丽完成。考虑到酒店自身的知名性和灯具等机电末端对整个装饰工程的重要性，由公司内行安装工程师亲自进行，把好最后一道关。

另外，该项目的董事长会议室艺术效果到施工细部的处理，都由总公司项目部严格控制，最终达到了业主及设计方对于质量和艺术效果的要求，其豪华靓丽的视觉冲击力，细腻精深的艺术感染力，受到业主、监理及万豪管理公司的高度评价。

公共走廊二层

公共走廊走道

公共走廊大楼梯

公共走廊楼梯及吧台

水疗中心 SPA

丽思卡尔顿酒店地下一层 SPA 是酒店的健身中心及休闲放松的场所，总面积 1880m²。采用中国古典园林式的布局安排，移步易景，静逸的空间在竹子、假山、流水的点缀下，充满了田园乐趣。

SPA 用到的主要装饰材料种类有：UP（软包），共 6 种；WC（壁纸），共 7 种；MT（不锈钢），共 3 种；ST（石材），共 3 种；GL（玻璃及艺术玻璃），共 5 种；WD（木饰面），共 3 种；GL（玻璃马赛克），共 4 种。

SPA 主要分为健身房、游泳池、商店、发廊、电梯厅、接待厅、美容护理区、男宾部、女宾部 9 个区域。每个区域有每个区域的特色。其中男宾部以深色代表了男性的深沉，主要以深色石材（ST-9、ST-10），营造环境氛围，女宾部则以浅色表达了女性的柔美，是 SPA 区域的装饰重点。

SPA 区域走道

按照设计师的意图，精心施工，其中最具代表性的就是柚木格栅的施工。柚木格栅是由一根根柚木条按照一定的距离纵向排列而成，如果间距出现问题就会影响最终效果。为了不影响美观同时减少浪费，每一片柚木格栅都按照现场实际尺寸，用电脑进行排版，然后由厂家加工成片，再到现场组装，力求达到最佳效果。SPA 游泳池也是施工中的重点，主要是防水的处理。由于原泳池大小与 HBA 设计的游泳池大小有很大出入，又重新进行结构设计，重新预埋钢筋，重新开设进水口、回水口，这破坏了原防水结构层，只能在重新浇筑的游泳池上进行防水层的施工。为了保证万无一失，施工时做一遍防水做一遍闭水实验，直到达到防水要求后，才进行饰面材料的铺贴。

SPA 区域的装饰艺术

SPA 区域洗手台

上海世博 VIP 洲际酒店室内精装修

项目地点

上海市浦东新区雪野路 1188 号

工程规模

3967.681 万元

建设单位

上海世博土地控股有限公司

开竣工时间

2009 年 3 ~ 6 月

获得奖项

2010~2011 年鲁班奖

2010 年中国建筑工程装饰奖

2010 年白玉兰奖

大堂休闲区

酒店大堂

上海世博 VIP 洲际酒店位于上海世博村园区内，毗邻黄浦江，与南浦大桥遥相呼应。主持设计是世界著名的 HKG 设计公司。工程自 2009 年 3 月 12 日开工，2010 年 3 月 20 日竣工，总施工面积约为 67000m²。

主要的施工区域为一层大堂和 VIP 生活楼各类套房及标准客房。

一楼大堂的装饰施工，是体现整幢建筑豪华靓丽、大家风范的重中之重。根据长期积累的经验，独具匠心地将石材、不锈钢、玻璃等一些传统材料，结合空间和立面的特点，巧妙地与诸多艺术品、陶瓷甚至水晶有机镶嵌和衔接，整个大堂勾勒出一幅美轮美奂的立体画卷；又辅之多层次叠加式布局照明、局部照明等多种照明手法，使整个大堂极具豪华靓丽的视觉冲击力和细腻精深的艺术感染力。

二层宴会厅是整个酒店最大的会客区域，承载着日后酒店各种大型活动，也是酒店精致与奢华的集中体现。在所有分项施工中，我们都融入智慧，把握细节，尤其是大胆地在墙面采用了木饰面与软包及贝壳锦砖的结合，彰显匠心。贝壳锦砖是极薄的轻质材料，施工难度很大，现场技术人员以现场精确的定位放样，采取两次铺装的新工艺保证了内在质量及与众不同的观感效果。

VIP 生活楼客房主要施工区域为 15 ~ 23 层标房和套房、公共走廊、电梯厅装饰工程，其中包含所有房间内的给排水、五金洁具安装等内容。各层客房选用材料：墙面采用石材干挂、皮革饰面软包、木饰面成品板、墙纸、织物、乳胶漆等，地面为石材、地毯等，顶面采用石膏板吊顶、乳胶漆。VIP 生活楼客房的顶面为石膏板花饰吊顶涂刷特殊的银箔油漆，部分为木饰布艺顶棚，这在当时酒店客房中尚不多见。运用生动的设计语言和施工手法，使客房内外整体风格达到了和谐与温馨统一，充分凸显了酒店的文化内涵和审美品位。

大堂休息区一角

二层中餐厅

大堂走道背景墙

SPA区域走道

二层中餐厅内景

二层中餐厅入口

在工程质量的监管上，从深化设计到材料的选用，从工艺技术的确定到整个施工作业的监管，始终以"创精品工程，为世博添彩"为目标，精心组织、严格管理、规范作业，运用ISO 9000质量和环境管理体系，在业主、监理的严格监控之下实施全过程控制，尤其是采取积极有效的检测、监视措施，实施对产品的保护。该项目的室内精装修，不仅保证设计风格得到充分体现，最大限度满足使用功能要求，而且从装饰整体观感效果到细部处理上都十分到位，受到业主的好评，并获得 "建筑鲁班奖"。

酒店全日制餐厅

酒店接待台

多功能厅内景

水晶艺术造型灯

二层公共休息区

多功能厅洽谈区

二层公共走道

上海英迪格
洲际酒店
室内精装修

项目地点
上海市中山东二路 585 号

工程规模
1699.5698 万元

建设单位
上海申江资产经营管理有限公司

开竣工时间
2009 年 12 月 ~2010 年 3 月

获得奖项
2011~2012 年中国建筑工程装饰奖
2012 年上海市建筑装饰金奖

酒店外立面

作为黄浦江畔一家临江酒店，上海外滩英迪格酒店坐拥浦江两岸传统与现代并蓄的秀丽风光，兼收并蓄，完美融合了真实现代的设计特点与传统的中国元素，在创造灵动有趣环境的同时，又巧妙地将与众不同的现代本土化家居装饰带入设计之中。而江水与码头这两个元素也被微妙地应用到酒店的整体设计中。另外酒店在设计上十分注意创造不同的空间格局以适合客人的不同心境。所有的这些设计理念和装饰施工，打造出了一家亲切随和、充满个性，同时满溢当地文化的酒店。

上海新丽装饰在该室内精装修工程中，很好地深化和还原源设计，对 65000m² 空间，184 间客房，包括 23 套江景套房，每个区域、每个细节都采取个性化设计，在满足业主对于高端精品酒店期望的同时，又不落于俗套。包括每间客房提供最大化的视野，其家居摆设订制，强调结合中国传统与现代设计元素，创造出家一般的温馨，又不乏充满惊喜的细节，例如浴室中宽阔的空间和独一无二的走入式"贝壳淋浴"，还是原汁原味的石库门砖块装饰的墙面，以及隐藏式迷你吧和设计独特的茶具。上海外滩英迪格酒店的设计与施工完全体现了浦江之畔上海里弄的独特风情。

酒店的大堂入口异常绚烂瑰丽，堪称沪上一绝，既反映了酒店位于黄浦江畔的位置，又体现了品牌对自然环境、循环再利用，以及生态敏感型设计的承诺。大堂装潢选择原钢、混凝土、外露砖及抛光石膏等富有张力的基本材料，令人不禁联

钢板复合艺术墙

酒店大堂接待台及休息区造型背景墙

酒店大堂

想到这一空间是从码头旁的滨江阁楼改建而来。而开放式隔室与清水混凝土顶棚进一步增强了效果，配以全日色彩变幻的灯光。与大堂如出一辙，客房也呈现一种自然色调：外露的上海灰砖、磨耗效果的灰色嵌板、抛光石膏墙和帆布，与之产生强烈对比效果的是色彩鲜艳跳跃的地毯。中式灯笼、传统家具、陶瓷和古董等兼收并蓄、机巧别致的工艺品和家具带来了老上海的感觉。新丽在上海本地集市发掘到不少绝妙的家具。就拿一个十分有趣的落地柜来说，我们把它修复，然后喷上新白色搪瓷，让它看起来既旧又新。此柜更被大量复制，用于每间客房之中。其他家具则体现生态敏感性：每间客房所用的家具虽各有不同，却悉数采用环保材料，把废弃物变为有用的东西，是对低碳环保的一种新的认知和手段。根据怀旧、复古的设计理念，在大堂多处立面，大胆利用废弃的船舱钢板，经切割打磨和表层处理，拼装制作成别具一格的装饰墙面，在过去与现实之间寻找到了最佳结合点，形成酒店夺人眼球、令人啧啧称道的靓丽风景。对旧物的改造和利用，不仅是对传统美学的一种突破，更是保护自然环境之美的发光点。

另外，在宽敞的浴室设有一堵镶在抛光钢框中的玻璃墙，望向黄浦江，并设开放式湿区，当中附设配上长方形瓷面盆的简约盥洗台，营造当代风尚；而独立浴缸也同样时尚摩登。这一创新设计古今交织，堪称奇迹，呈现在世人面前的是一个充满活力、符合当代潮流、蕴含无限灵感的极致空间，为推动和引领绿色装饰树立了标杆。

公共走道竹编墙面

全日制餐厅手绘艺术平顶

三层公共休息区

三层 VIP 会客室

船舱钢板复古墙近景

全日制餐厅一角

上海衡山路 12 号豪华精选酒店室内精装修

项目地点

上海市徐汇区衡山路 12 号

工程规模

8682.266 万元

建设单位

上海至尊衡山酒店投资有限公司

开竣工时间

2011 年 12 月 ~2012 年 3 月

获得奖项

2012 年白玉兰奖

2013~2014 年中国建筑工程装饰奖

2014 年上海市建筑装饰金奖

酒店陶板外墙

衡山路 12 号豪华精选酒店，坐落于上海久负盛名的时尚街区之一的衡山路，街道两旁绿树成荫。酒店堪称住宅式都市绿洲，其瞩目的当代建筑设计，与四周的传统古典韵味形成美妙对应，成为该城市区域的地标建筑。酒店的内部设计是纽约知名设计公司 Yabu Pushelberg 负责，整体风格上，尤其注重东方传统文化与西方现代经典的完美糅合。仿传统灯笼式的吊灯、嵌有丝绸花鸟图案的半透明玻璃幕墙、以古典庭院花草树木为主题的地毯和床头屏风等独具匠心的装饰，潜心营造返璞归真、温馨适宜的氛围，完美传递"中西合璧，古今交融"的意蕴。

衡山路 12 号豪华精选酒店是一栋 5 层楼高的建筑，中心建有一个中庭花园，与街区内历史悠久的欧式别墅相得益彰。酒店自正门而入，可分前后两个部分，分别为包括餐饮、会议、健身娱乐设施在内的公共区域以及静谧的庭院和宾客住宿区域，打造了更为舒适雅静的居住体验。

大堂酒吧入口

大堂公共休息区

酒店室内设计的本质在于源自天然，返璞归真。嵌有丝绸花鸟图案的半透明玻璃幕墙，以古典庭院花草树木为主题的地毯和床头屏风等独具匠心的装饰，皆取材自街区内的花鸟植被，潜心营造温馨适宜的氛围。这一切与衡山路的绿树成荫交相呼应，并与周边的钢筋水泥建筑形成了既浪漫又强烈的对比。酒店大堂 5 层楼高的旋转楼梯盘旋而上，可通往餐厅、顶层的户外露台、地下的水疗中心和室内的恒温游泳池，以及会议场所，这是酒店的一大亮点，也是浑然天成的另一种体现。

$712m^2$ 的 SPA，有 14 间双人理疗室和一间 VIP 房间，内设泥浴室、磨砂台和冰喷泉。中式餐厅主厅内装饰着传统苏州园林画面的巨幅背景幕墙，而同时，玫

大堂酒吧

大堂一角

大堂公共卫生间

瑰色玻璃屏风和陶瓷吊灯为其增添了非传统的东方韵味。餐厅设有8间私密包房，可容纳4至16位宾客，每间包房都有独特的格局和韵味。位于顶层五楼的云尚全日餐厅，包括一个宽敞的L形露台，可俯瞰周围历史建筑风貌，也可远眺上海全景，配有私密的庭院露亭，可供户外用餐和休闲。细部精雕细琢，整个空间各个角度的视觉观感都极具震撼力。面积1303m²以上的会议和宴会空间，425m²的大型宴会厅，饰以手绘生丝幕墙，透过宴会前厅的落地玻璃窗，可凝望衡山路上梧桐树的婆娑风姿，可让宾客享受回家的安静和温暖的亲情。

地下一层游泳池

酒店内庭

依照时尚设计理念，倾心施工的酒店每间客房与套房均彰显出高贵典雅的雍容气度。面积达 1108m² 的总统套房，配备宽敞的云石浴室、沉浸式浴缸以及高科技设施。精心施工的酒店健身中心配备了尖端设施，可透过落地玻璃窗眺望大型室内游泳池以及三个按摩池。

运用先进的 BIM 技术对主要区域和部位实施各类相关的碰撞、排版模型勾勒，不同饰面的衔接过渡巧妙合理，各类线条组合洒脱流畅。

细节之处见功夫，通过自然纹饰、弧线和光影，展现空间的流动性、舒适性和地域特色。

餐厅小包房

大堂主楼梯

共享空间

二层公共休息区

客房

客房正面

客房侧面

客房卫生间

客房走道

客房电梯厅

三层功能厅

三层中餐厅

五楼全日制餐厅

五楼全日制餐厅外景

上海金茂大厦首层室内精装修

项目地点
上海市浦东新区陆家嘴金融贸易区陆家嘴隧道口

工程规模
148.433 万美元

建设单位
中国金茂（集团）股份有限公司

开竣工时间
1997 年 12 月 ~1998 年 8 月

获得奖项
2000 年白玉兰奖
2001 年中国建筑工程装饰奖

金茂大厦底层大堂 1

金茂大厦底层大堂 2

举世瞩目的 88 层摩天大楼上海金茂大厦，以其 420.5m 的高度，独特的造型，巨大的体量，尤其是体现中国传统文化和时代特征的设计理念，博得了业内外人士的普遍赞扬。金茂大厦堪称上海最重要的地标性建筑和黄浦江畔最亮丽的风景线，它的建成绝对是海派建筑新的里程碑。上海新丽装饰工程有限公司成功承担了堪称"建筑脸面"的金茂大厦首层大堂精装修工程。

金茂大厦属于超大型民用建筑项目，总建筑面积达 28950m^2，室内装修装饰工程之浩大，风格之多样，用料之讲究，装潢之精美，实可称得上是当时世界最高水平的集中表现，世所罕见。

电梯厅仰视

办公区大堂电梯厅

办公区大堂简体黄洞石坡墙立面　　　　　　　　　　　　　　　　　办公区大堂一角

金茂大厦的大厅采用圆拱式门框，给人高大、宽敞、明亮的感觉；墙面选用地中海有孔大理石，有良好隔声效果；地面大理石光而不亮，平而不滑。前厅内的 8 幅铜雕壁画集中体现了中国传统的书法艺术，它通过汉字从甲骨文、钟鼎文一直到篆、隶、楷、草的演变，反映了中华上下五千年的文明史。通往宴会厅的走廊是一条艺术长廊，体现出一种高雅的品位和豪华的气派。风格迥异的灯具，充足的内部通风，精心拣选的内墙材料，以及施工中的降噪处理工艺、外部玻璃幕墙降低光污染的特殊处理，充分体现了以人为本的设计理念和精雕细琢的施工手段。

正对入口处设置一掏空门厅，来自顶部的光束直射太湖石，体现了酒店的品位与奢华。大堂装修风格简洁不失高贵，风格典雅，用料精致。气势雄伟，宽敞明亮，净高达 10.1m 的商务办公区大堂，不仅有激动人心的体量，而且高格调、高档次、高科技的室内装修给人以庄严典雅、心旷神怡的特殊感受。大堂内的办公区专用候梯厅造型独特，犹如金碧辉煌的古埃及金字塔。专为办公设置的五组 26 台高速电梯采用独特的玻璃轿厢，玻璃门厅宽敞明亮，可迅速而又舒适地把客人送达各办公楼层而不必中转。每 10 层 5~6 部电梯的配置可保证客人在上下班高峰时，候梯时间不超过 35 秒，交通便捷。

在整个金茂大厦大堂精装修过程中，深化设计和施工作业始终与源设计紧密契合。无论是不同材料的镶嵌和衔接，还是不同色彩的展现和过渡，无论是各类石材线条的流畅舒展，还是所有棱角拼缝的细节处理，都做到丝丝入扣，完美极致，工匠精神无处不在地融入其中。金茂大厦大堂犹如立体的艺术精品，淋漓尽致地彰显着上海这个城市与众不同的思维和创造力。

上海南站建筑室内精装修

项目地点
上海市徐汇区老沪闵路 289 号

工程规模
1732.6287 万元

建设单位
上海铁路局

开竣工时间
2005 年 12 月 ~2006 年 7 月

获得奖项
2008 年中国建筑工程装饰奖

车站室内全景

上海南站位于徐汇区西南部，南站主站屋和车站南北广场，东起柳州路，西至桂林南路，北靠沪闵路，南抵石龙路。南站主站屋气势磅礴，南北贯通、高进低出、高架候车。铁路上海南站是上海中心城市的南大门，也是联系长江、珠江三角洲及中国南方其他城市包括港澳地区的重要交通枢纽。

上海南站建筑设计方为法国 AREP 公司（集团），主站屋设计为巨大圆形钢结构，高 47m，圆顶直径 200 多米，总面积 5 万多平方米，建筑整体气势磅礴。

上海南站设计非常独特，从外观看好似一个飞碟。底楼是火车停靠站；一楼是候车室；二楼是进站口，被设计成环行并包围整个候车室。南来北往的火车可从主体建筑的架空部分穿行而过，意寓"车轮滚滚，与时俱进"。主站分为三层：

中层与地面同高，为站台层，设有 6 座站台（1 个侧式站台和 5 个岛式站台）和 13 条车道，并设通道与南北广场相连，还设有贵宾候车室、车站公安派出所等。

上层为出发层，设有周长为 800m 的高架环形出发平台，可同时容纳一万余人候车的大空间候车区、检票通道等。

下层为到达层，设有旅客出站地道、南北地下换乘大厅、地铁一号线、三号线、建设的轻轨 L1 线、部分长途客运和旅游专线等，在站内实现零换乘。

车站一角

车站候车区

车站候车区

客站站场设铁路到发线 11 条，旅客站台 6 座，北侧为岛式基本站台，其余 5 座为岛式中间站台，设计能力为日到发客车 60 对，日停靠 77 对客车，年发送旅客 1500 万人次，候车室最高集结人数为 6000 人。

南北广场总建筑面积为 12 万 m²，平面设计为园林绿地和旅游集散地，南北广场地下设计二层商铺、道路和停车场。

建筑室内装饰的深化设计全部由上海新丽负责，要求室内空间控制、装饰材料环保控制、材料消防安全控制，着力打造一个以绿色、节能、环保、安全的立体空间，与建筑的时尚、现代国际化设计相匹配，充分体现上海面对全国及世界的高品质服务，成为上海国际大都市一道靓丽的风景。

南站站厅层由标高 9.9m 的圆形平台与标高 7.5m 的长方形候车厅组合而成。9.9m 平台设置了售票厅、软席候车厅、商铺、餐厅、警务室、公共卫生间等服务配套用房。7.5m 平台候车厅设置了办公室、公共卫生间、哺乳室、茶水间、医务室、配电室、风机房等配套用房。室内房屋结构采用钢结构框架，墙体结构材料采用防火玻璃及蒸压砂加气板墙，结构施工简单、耐用。墙面装饰材料为防火玻璃、灰色铝板、吸声板组合。大厅地面采用浅灰色花岗石，局部用深灰色花岗石点缀。整个大厅庄严气派，商铺防火玻璃墙又能与整个大厅融为一体，为整个空间增添生气。

车站商业区

车站商业区过道

车站大厅

车站商业区入口

车站商业区俯瞰

9.9m 平台大面积花岗石地面采用梯形代替弧形做法，大大缩短了石材加工时间，为现场施工进度计划提前完成创造了有利条件。为了防止热胀冷缩使大面积石材起拱引起起壳、爆边，经设计计算，大面积石材铺贴留缝 0.8 ~ 1mm，确保铺贴石材工程质量无起拱爆边现象发生。

9.9m 平台配套用房大部分是防火钢化玻璃墙面，总面积 1500m²，防火钢化玻璃高 4.2m，上部采用不锈钢爪点，下部采用钢板地槽固定。在玻璃分格中间设置玻璃肋增加玻璃强度。考虑到火车站是人员密集场所，为了保证玻璃房安全万无一失，在大面积施工前先施工一间玻璃样板房，现场进行破坏性冲撞试验。

为了防止旅客行李箱、手推车对玻璃房的碰撞，玻璃房下部设置了特制的橡胶踢脚线，提高整个玻璃房安全系数。

7.5m 平台为候车大厅。因为候车大厅人员密集，声音嘈杂，在配套用房外装饰面采用了吸声板与铝板组合的设计方案，以降低噪声为目的进行人性化设计，彰显装饰效果。配套用房出风百叶设置在墙面上部，采用通长条形风口，虚实结合，有通风口处为实，无通风口处为虚，整个装饰效果协调完美。

软卧候车厅上部是餐厅，进入餐厅的钢扶梯装修设计保持钢梯原有风貌。设计师考虑到公共部位楼梯镂空形式不利于夏天女性客人的裙底隐私，踏步镂空部分采用穿孔铝板材料装修。

上海虹桥高铁站室内精装修

项目地点

上海市闵行区虹桥交通枢纽综合开发区

工程规模

2300 万元

建设单位

上海铁路局

开竣工时间

2009 年 4 月 ~2010 年 5 月

获得奖项

2010 年白玉兰奖

上海虹桥站位于上海市闵行区申虹路，紧邻上海虹桥国际机场 T2 航站楼，是上海虹桥综合交通枢纽的重要组成部分，是一座高度现代化的中国铁路客运车站、亚洲超大型铁路综合枢纽，也是华东地区最大的火车站之一。

上海虹桥站站房总建筑面积约 23 万 m²，总占地面积超过 130 万 m²，其中铁路站房约 10 万 m²，雨棚面积约 11 万 m²，立体共分 5 层。北端引接京沪高速铁路、沪汉蓉高速铁路，南端与沪昆高速铁路接轨。

上海虹桥站于 2008 年 7 月 20 日正式开工建设，2010 年 7 月 1 日启用，总投资超

上海虹桥站检票口

上海虹桥端大厅入口过道

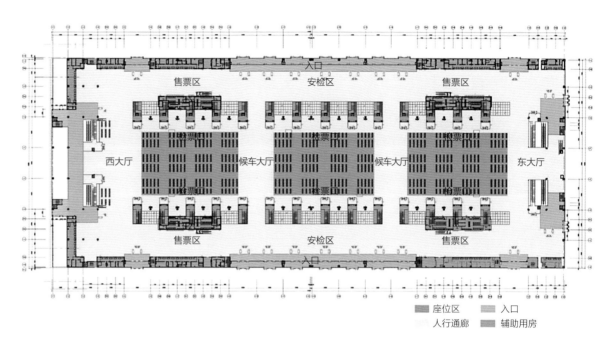

入口

售票区　　　　　　安检区　　　　　　售票区

检票区　　　　　　　　　　　　　检票区

西大厅　　候车大厅　　　候车大厅　　东大厅

检票区　　　　　　　　　　　　　检票区

售票区　　　　　　安检区　　　　　　售票区

入口

■ 座位区　　■ 入口
　人行通廊　■ 辅助用房

上海虹桥站平面图

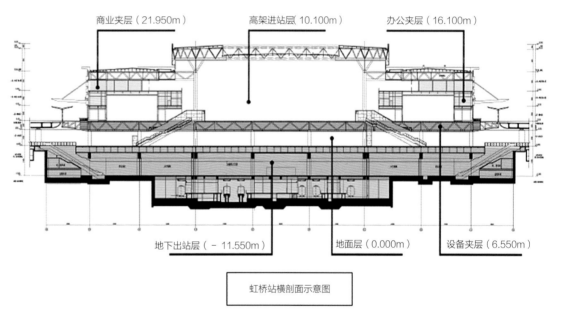

商业夹层（21.950m）　　高架进站层（10.100m）　　办公夹层（16.100m）

地下出站层（-11.550m）　　地面层（0.000m）　　设备夹层（6.550m）

虹桥站横剖面示意图

上海虹桥站横剖面示意图

过 150 亿元人民币，总占地面积超过 130 万 m²。

上海虹桥综合交通枢纽通过高铁形成城市之间的连接线，最终形成长三角一体化以及中国"两带一路"（长江经济带、丝绸之路经济带、21 世纪海上丝绸之路）的大通道。

上海虹桥站与运营中的上海站、上海南站实现明确的功能划分，虹桥站主要负责高铁的运输，而上海站、上海南站则主要为动车、普速列车旅客提供服务，最终形成长三角及国内快速、便捷的客运网。

上海虹桥站预留了沪杭磁悬浮 10 台 10 线，站型上海地铁 5 号线为通过式。配套设施部分将建成城市

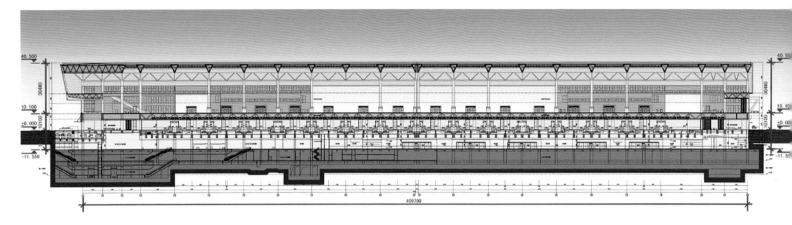

上海虹桥站横剖面

上海虹桥站站房

轨道交通（上海轨道交通 2 号线、上海轨道交通 10 号线及建设中的上海轨道交通 17 号线）、磁悬浮交通、道路交通以及航空港紧密衔接的现代化客运中心。

上海虹桥站新建工程 - Ⅰ区主站房工程建筑

地点： 虹桥综合交通枢纽，东西 SN4 路与 SN5 路之间，南北青虹路和徐泾路之间。

建筑层数及规模： Ⅰ区主站房地下 1 层，地上 2 层；地上主站房总建筑面积 148950m²，雨棚投影总面积为 8587m²。

建筑高度： 地上建筑总高度为 40.50m；车站进站入口建筑檐口标高距高架道路总高约 21.30m。

结构形式： Ⅰ区建筑地上结构型式为钢结构桁架与钢管混凝土柱组成的框架结构体系。

使用年限： 主体结构设计使用年限为 50 年，耐久性为 100 年。

装饰设计由上海现代建筑设计（集团）有限公司承担，站厅层装饰施工由上海新丽装饰工程有限公司负责。室内设计延续建筑风格，将建筑方正、平直、厚重的概念运用到整体空间的建筑墙体范围，在大空间内

上海虹桥站内部

形成简洁、通透、明亮的效果；所有地面、立面、顶面根据模数统一规划，形成一个理性空间，通过细部处理，追求舒适的候车空间。

室内装饰工程

墙体

1）充分利用土建原有墙体。

2）玻璃隔墙采用安全玻璃，每块分隔玻璃的宽度大小按设计图纸现场排版，并满足《建筑玻璃应用技术规程》JGJ 113—2003 规定。

地坪工程

石材、地砖等在施工前根据现场实测尺寸及大样绘制排列图，力求对位准确，对缝铺贴，勾缝整洁。天然石材做好防潮、防污、防泛色处理，铺贴后清洗打蜡并上光，与其他材料交接处铺设平整。石材与幕墙交接处需要精确测量，并切割精确、铺设精细，确保边线整齐。

1）站厅层花岗石地坪：30mm 厚花岗石（抛光面，抛光度 90）饰面设计密缝铺砌（用同色填缝剂填缝）；站厅层大面积花岗石地坪 40000m²，

地坪

根据技术部门现场勘察、分析，天气热与冷的地面热胀冷缩比为 0.1/1000，站厅总长度 411.5m，变量为 45mm。为了防止大面积石材局部起拱、起壳，技术员与设计沟通，地面石材留缝 0.8mm 进行铺贴（到目前为止未发现站厅石材因热胀冷缩引起热胀起拱、起壳）。大面积石材采购前，质量部门对石材供货商原材料出处（荒料）进行实地考察，核实原材料质量与数量，杜绝原材料供货质量问题。

2）地砖：站厅层公共卫生间 10mm 厚地砖 (600mm×600mm，同色填缝剂填缝)；30mm 厚水泥砂浆结合层；60mm 厚水泥砂浆找平层（下做素水泥浆一道）。

3）成品金属防尘垫：站厅入口采用成品金属防尘垫；1 : 3 水泥砂浆找平层，上部覆盖成品金属防尘垫，施工简单。

4）实木复合地板地面：售票大厅采用 600mm×600mm 全钢防静电架空地板，上铺 15mm 厚实木复合地板，含垫层（架空 240mm），基层按供应厂家施工要求及质量保证进行，要求平整，无撞击声。

5）盲道：采用提示盲道 φ34，拉丝不锈钢材质（表面为彩色金刚砂填充）。

6）采光防火玻璃地坪：站厅层地面单片防火玻璃选用 TP12mm+1.52SGP+TP12mm+12A+TP12mm+1.52SGP +TP12mm（铯钾）钢化中空不透明夹胶铯钾安全玻璃（防火时间 ≥ 1.5h）。玻璃拼接处采用定制的 10mm 宽嵌条。在原结构钢梁上安装轻钢附件，铺设橡胶垫。玻璃与专业厂家定型加工，安装时采用大型机械吸盘汽车吊起吊安装。

墙面工程

1）站厅墙面采用干挂石材：30mm 厚石材（表面烧毛，做环氧半亚光处理），采用背拴式干挂方式，不锈钢铆件固定。留缝方式：自然留缝；开放式留缝，宽 10mm；50mm 定制铝型材嵌条（表面做氟碳喷涂处理，色同石材略深）。阳角处处理采用 45° 切角密拼，阴角采用 90° 直角相接。基层采用 10 号竖向角钢、5 号横向角钢制作，自下向上安装。安装完成后对墙面进行清理保护。

2）站厅墙面夹胶安全玻璃饰面：6+1.14PVB+6 厚不透明夹胶钢化安全玻璃超白片，定制铝型材边框，后衬定制波浪形铝型板。留缝方式：开放式留缝，宽 10mm，后衬波浪形定制铝型板；开放式留缝，宽 50mm，后衬波浪形定制铝型板。阴阳角处处理以 X 形铝材收头，大气美观。钢基层采用 50 镀锌方管制作。

顶棚细部

内部墙面

卫生间

3）铝型材踢脚：高 200mm，定制波浪形铝型板，从基层钢架上伸出不锈钢构件与外部不锈钢管焊接，防止旅客碰撞玻璃墙面造成玻璃损坏或人员受伤，细微之处显示人性化设计。

吊顶工程

1）矿棉板吊顶：售票大厅，300mm×300mm 跌级，20mm 厚矿棉板（白色带肌理），采用十字间隔龙骨明暗架方式，60mm 系列（上人）轻钢龙骨吊杆间距、节点构造按有关规定施工。

2）铝制瓦楞板吊顶：站厅层两端 23.650m 标高顶棚，站厅 15.850m 标高顶棚。整体厚度为 7mm，其中面板厚度≥ 1.2mm，铝制瓦楞芯板厚度≥ 0.4mm，高度≥ 6mm。采用密拼、50mm 留缝处理，60mm 系列（上人）轻钢龙骨吊杆安装在钢架转换层上，钢架从 33.75m 标高转换到 22.50m，吊杆长度小于 1.2m。对留缝外露部分喷黑处理。

3）弧形铝板吊顶：站厅层 23.650 ~ 33.750m 标高，厚 2.5mm，白色亚光弧形铝板，节点构造按有关规定施工，由施工员负责内部结构及吊顶放样。钢架弧形在工厂统一加工，现场安装前在同一条直线上用水平仪测量 5 个点，先将镀锌方管从结构钢梁引下，标高做好红色三角标记，用细钢丝将两头固定在标高位置，中间三个点用麻线绑定防止下坠，弧形钢架按照钢丝高度、轴线依次安装定位。预留电动内遮阳系统，采用 FTS 双向电动张力卷取式水平天棚帘系统电动内遮阳。弧形铝板密拼连接，安装一块插接一块，以此类推，到末端角码用强攻螺钉固定在弧形钢架上。

4）条形铝板吊顶：站厅层 15.650m 标高顶棚，采用 300mm 宽条形铝板，厚度≥ 0.8mm，60mm 系列（上人）轻钢龙骨，吊杆间距、节点按图安装。条形铝板安装前先将椭圆形铝板柱帽安装完成，铝板在柱帽进行切割，板压在柱帽收边上，外观漂亮精致。

吊顶

顶棚细部 2

上海电影博物馆
室内精装修

项目地点
上海市漕溪北路 595 号

工程规模
3390 万元

建设单位
上海电影艺术研究院

开竣工时间
2011 年 12 月~2012 年 5 月

获得奖项
2013~2014 年中国建筑工程装饰奖
2014 年上海市建筑装饰金奖

博物馆大厅

一座伟大的城市，必定有其深邃厚重的历史文化渊源，必定有其名垂青史的优秀人物，必定有其独树一帜的文化艺术。

上海，作为一个国际化的大城市，在许多领域成为全国率范领军的标杆，就如在中国电影发展史上，上海与长春、北京并肩，是中国三大电影基地之一。上海又是中国电影的发祥地，是中国电影的半壁江山，也是华语电影的根脉所系，其编剧、演员、电影作品及电影的创新精神等方面，屡屡引领中国的电影发展，尤其在 20 世纪的上半叶里，上海电影就等同于中国电影，上海电影的发展历史就是中国电影的历史。

上海电影博物馆投资 9 亿元，总建筑面积超过 10 万 m²，为一座国内规模最大的电影博物馆。博物馆分为四大主题展区，一座艺术影厅、五号摄影棚等，是融展示与互动、参观与体验于一体的，

大厅入口实木门

一层大厅 1

一层大厅 2

涵盖文物收藏、学术研究、社会教育、陈列展示等功能的城市文化标志性场馆，可向参观者呈现百年上海电影的魅力，生动演绎电影人、电影事和电影背后故事，是徐汇区打造的首个 4A 级都市旅游景区的重要文化景点之一。

四楼为光影记忆。主题为电影人、电影场景和电影放映，由"星光大道""星耀苍穹""大师风采""水银灯下的南京路""百年发行放映"五部分组成。"星耀苍穹""大师风采"展区展示电影大师和杰出影人的生平事迹、文物文献及工作生活场景；"水银灯下的南京路"让参观者分享上海经典电影的拍摄场景；"百年发行放映"展区透过模型、广告及百余幅各个历史时期的海报，回顾发行放映的百年历史，展示上海电影长盛不衰的文化魅力。

三楼为影史长河。19 世纪末，电影作为一项新的技术发明传入上海，从 20 世纪初至 40 年代，电影在这座远东的现代化都市生根发芽、开花结果，成为中国文化的弘扬者与传播者。展厅沿着百年上海电影

大厅造型顶及水晶吊灯

一层大厅背景墙 1

一层大厅背景墙 2

的发展线索，从"影海溯源""梦幻工厂""光影长河""大开眼界""译制经典""动画长廊"六个不同侧面，为参观者介绍上海电影的各项成就。

二楼为电影工场。电影这一独特文化形式，与生俱来具有梦幻特征。本展区揭示了电影生产创作的神奇奥秘，开启制造梦幻的技术之窗。参观者可在此观摩影视作品的生产创作流程，感受电影作为梦幻工场的动人艺术魅力。

一楼为荣誉殿堂。在中国电影百年发展史上，上海电影曾创造过辉煌的文化成就。本展厅从"百年辉煌""荣耀瞬间""国歌诞生""灿烂金杯""影史第一"等不同侧面，展示百年上海电影对中国社会发展、历史进步所作出的杰出贡献。

上海电影博物馆左边的黄楼原属圣衣院，这是一座天主教修女道场，建于1874年。圣衣院原楼年久失修，此次依样重建。与西方传统教堂有引人瞩目的装饰不同，这幢建筑看不到任何装饰的影子，这是现在仅存的，见证徐家汇历史的，年代最久远的建筑之一。

项目室内装饰装修深化设计由上海章明建筑设计事务所承担，地上建筑面积2688.9m²，建筑层数地上3层带1层阁楼，结构类型为钢筋混凝土框架结构。开竣工日期为2011年12月至2012年5月，工程造价为2483万元。

工程施工主要内容：底层大堂大理石拼花地坪；墙面干挂大理石，仿石漆；顶面GRG石膏吊顶，木饰面吊顶；实木楼梯，吧台和酒柜制作；二～四层过道，地面大理石，墙面木饰面，顶面石膏板；二～四层包房、备餐间、VIP室、宴会厅等，木地板拼花地面，木饰面墙面，墙纸饰面，顶面石膏板及木饰面吊顶，调光水晶灯，壁炉等；卫生间大理石马赛克施工；电梯轿厢木饰面及不锈钢施工，电器照明，开关插座、洁具等安装工程。

采用的主要装饰材料：莎安娜米黄大理石，白色橡木木饰面，柚木实木拼花地板，诺贝尔玻化砖，柚木木饰面，橡木木饰面，GRG石膏吊顶，仿石漆，金箔漆，木楼梯，铸铁栏杆，不锈钢，艺术水晶吊灯等。

一层是建筑的核心部位，也最能体现出整幢建筑的装饰装修风格，其主要功能是休息、喝茶、聊天。地面采用莎安娜米黄大理石深色与浅色的简单错拼方式，既简约又增加了室内上下的连接性，极具优雅气息。

实木楼梯

实木楼梯踏步

实木楼梯俯视

二层餐厅包房区

二层餐厅包房区走道

三层教堂

三层教堂局部

吊顶采用柚木加 GRG 定制线条组成的穹形吊顶，配合大型水晶艺术吊灯，呈现出一种复古、高贵的感觉。

墙面采用了和地面一样的莎安娜米黄大理石，拱形造型内通风设备，配备古铜百叶风口，既能最大化保证使用功能，又从美观角度妥善解决了吊顶无法安置设备的问题。

墙面石材施工也是本工程一大技术亮点。多样的造型及精确的排版加工，对厂家及安装工人造成了极大的挑战。例如拱形石材窗套，如果厂家在加工的时候排版角度产生了一点偏差，将造成拼装不完美。工程的特殊性使得不能在后期对石材进行较大修补，拱形的角度 ≥ 5° 将引起错缝，严重的将直接报废。所以在工程前期派遣专员常驻石材加工厂，就进度与加工质量进行实地监督，保证工期的正常进行。

柚木饰面装饰柱对厂家的施工工艺是极大的考验。由于弧度大，距离短，普通的加工工艺稍有不慎，将会导致弧形变化，施工现场无法安装。所以在开工时，就压木皮时间与工艺与厂家进行了深度探讨，有效避免了此类问题的发生。

吊顶处理上最注重的就是基层加固问题。柚木饰面、艺术水晶吊顶及穹形 GRG 吊顶对基层承载要求极高，普通的轻钢龙骨加木基层已无法满足重量要求。针对施工内容及负荷进行计算，以钢架基层加轻钢龙骨，以满足安全功能要求。

工程另一大亮点，就是建筑中间的楼梯。该楼梯结构属于钢架构，踏步及栏杆材质采用和墙面颜色一样的柚木饰面，由于位置处于建筑正中心，该楼梯的设计及施工效果直接与其他饰面呼应。

上海迪士尼小镇
外立面工程

项目地点
上海迪士尼园区 RDE-2 标段工地区

工程规模
14093.141 万元

建设单位
上海国际主题乐园配套设施有限公司

开竣工时间
2014 年 3 月 ~2017 年

获得奖项
2016 年白玉兰
2016~2017 年鲁班奖
2017~2018 年中国建筑工程装饰奖

迪士尼小镇

上海迪士尼乐园位于上海市浦东新区川沙新镇，是全球第六个、亚洲第三座、中国第二个迪士尼乐园。项目一期工程占地比香港迪士尼乐园大3倍多。总体规划共分为8个片区，分别为米奇大街、迪士尼小镇、奇想花园、宝藏湾、探险岛、梦想世界、玩具总动员和明日世界。其中上海新丽的主要施工内容为迪士尼小镇即餐饮娱乐零售区外立面施工与深化。零售餐饮娱乐区简称RD&E，拥有46000m²的步行区域，命名为"迪士尼小镇"。小镇主要是向各国游客提供丰富的美食、购物等活动选择，同时还将上演世界一流的百老汇风格的娱乐演出。整个RD&E共分为8个单体，分别为迪士尼世界、百老汇剧院（两个单体）、百老汇广场、百香食街、下村、糖果店和小镇湖畔。

迪士尼世界和糖果店单体主要材料为直立锁边扇形板、直板屋面，墙面粉刷，水刷石线脚，石材勒脚等材料。以新文艺复兴时期，欧洲地区火车站检修厂房为总体设计风格，整体建筑以明快的深绿与浅绿色为主，绿色是迪士尼传统文化中的代表色，象征和谐、自然，是生命力与活力的体现。

直立锁边屋面系统：考虑到金属屋顶的保温、防水及美观，两栋建筑都采用了霍高文直立锁边金属屋面系统。霍高文直立锁边压型板可以满足各种苛刻的建筑和设计要求，可以达到绝佳的美学效果。在

购物中心入口

整体直立锁边屋面系统中，考虑到园区 FMG 对屋面材料抗风性能等特殊规定，在节点上作了以下调整：把原来 0.7 厚的直立锁边金属屋面板换成 1.0 厚的直板和 1.2 厚的扇形板，底部檩条的间距由原来的 1.5m 改成 1.2m，采用的钉子全部通过 FMG 专业测试。

塔尖收口节点：迪士尼世界和糖果店最顶端的小圆，由于直径与弧度都非常小，霍高文产品工艺无法达到设计要求，最终考虑用铝单板模仿直立锁边的样子，做出带有扇形板式样及直立锁边特有的肋顶造型，来满足人们视觉上对建筑物外观效果的整体连贯性要求。

迪士尼商店门头

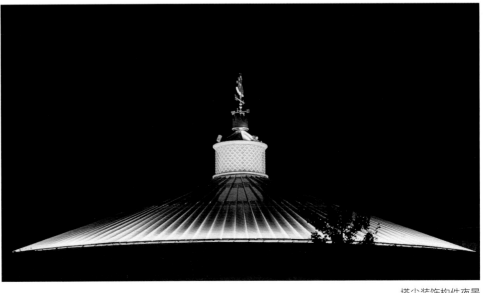

塔尖装饰构件夜景

自动排烟窗： 在迪士尼世界上部还有一圈带有消防联动功能的自动排烟窗，整个窗框都是用镀锌钢管与主体结构焊接而成，这对直立锁边的固定收口与防水提出了不小的挑战。经多次与现场施工队及专业厂家协调，最终图纸确认为先将排烟窗的装饰窗框及窗台造型整体用铝板包覆，底下斜屋顶直立锁边收到窗台下方，用"Z"形铝合金支撑进行表面的防水封堵及与窗台骨架外铝板饰面之间的连接，再在支撑板上架设泛水板起到第二层挡水作用，斜屋面与窗台交接处的最后一个铝合金固定座用霍高文屋脊密封件再次封堵形成完全密封的环境。施工最后一块直立锁边板端部都要求上翻，这样可以避免发生水流倒灌。

屋面防坠落系统： 在直立锁边屋面上还特别针对扇形板和直板设计了新型屋面防坠落系统，以便将来对屋面进行清洁、维修时保护个人、防止坠落。此系统包括一个坚固耐久的 316 不锈钢底座，该底座每一端连接到屋面固定基座支架上。独特的屋面固定基座使用铝夹连接固定到屋面板上。屋面固定基座被设计为一个减震器，一旦坠落发生，将变相减弱坠落时产生的震动，并保障基座仍然固定在屋面板上。使用时只需穿上整套的安全背带，用滑行索把自己系在防坠落系统上。该滑行索可沿着不锈钢索穿越中间基座滑动，无需自己动手操作，就能实现非常灵活的移动和绝对的安全，即使在高空作业，也可放心工作。

剧院售票口外景

剧院主入口

节日挂钩： 迪士尼外墙上特有的一个既实用又美观的东西，叫做"节日挂钩"，平时用来悬挂一些卡通海报，节日或演出期间，能和临近及对面单体的节日挂钩组成形式各异的彩色灯串用以烘托喜庆气氛。迪士尼的节日挂钩分为两类：A 类可以承重 450kg，C 类可以承重 50kg，迪士尼世界和糖果店外立面上为 C 类挂钩，在混凝土墙面里预埋钢板，用 75mm×75mm 钢套管与预埋板焊接，套管内 ϕ 15 螺纹栓与之固定，装饰盖板四周用密封胶密封，不用时看上去就是一个星形铸铁的花式，需要悬挂时，只需把悬索悬挂在锚固点上就可以了。

百老汇剧院单体为迪士尼坡道剧院街的一部分，其中，百老汇剧院为迪士尼剧院。百老汇剧院外饰面材料主要为砖饰面、石材饰面、涂料饰面、水泥勒脚、石材勒脚，屋面材料主要为瓦屋面与水泥平屋面。

砖饰面拼花： 砖饰面主要以全顺拼法为主，难点在于一些拼花，需要有凹进与突出的关系，需要整砖半砖结合的砌法。砖块排到墙壁两边难免有误差，为了防止出现除整匹、半匹砖块以外的尺寸，零碎的尺寸需在砖缝之间调节，标准砖缝为 8mm，零碎尺寸之间砖块的砖缝控制在 6 ~ 10mm 之间。砖拼花有很多种类，如凸出十字型，凹进十字型，整砖立砌型，镂空砌法，顺砌、丁砌结合方式等这给施工带来一定的难度。

塔楼： 原塔楼饰面材料为砖块与石材，由于两种外立面材料不统一，后将塔楼整体外观更改。小塔楼是完全独立的。塔楼由不同的石材组合而成，虽然量不大但用到的石材种类却很多，有喷砂、哑光面、凿磨面、自然面以及乱石堆砌等。墙面整体采用干挂的方式。

拱券近景

拱券夜景

拱券细部

翡翠梦乐园餐厅

竹木吊脚楼外景

竹木吊脚楼近景

竹木吊顶背景音响

吊脚楼石木夜景效果

拱券： 百老汇剧院的亮点是在各种门窗拱券上的砖饰面造型，而且造型多种多样，有与前齐平的砖饰面拱券，有凸出墙面并加有券心石的砖饰面拱券，有石材饰面拱券，还有水刷石饰面拱券。这些造型在增强建筑外观线条的同时也增加了深化设计与施工的难度。由于是圆弧形结构，当初在做模试的时候想过将砖块拼贴后的角度砌在砖缝里，这样方便施工，但是却不符合迪士尼的要求，因为这样一来最上面一排砖的砖缝就会变得很大，影响外观。迪士尼要求：砖缝大小需一致，弧形的角度需借在砖里。砖块需在现场根据拱券的弧度当场打磨，从拱券最内部

酒吧日景

开始排砖，第二层砖块的缝隙需要与第一层砖块的缝隙对齐，顶部压顶造型需预先粘贴好，再置于墙上拼贴。

木饰面：木饰面的大量运用与吊脚楼风格相配套，也是百老汇广场与其他单体的区别之一。无论木栏杆、木柱子还是阳台吊顶、木百叶，在这里都有。对于外立面装饰工作来说，当然不可能与室内一样采用普通的实木或贴皮木料。根据迪士尼对材料商的要求，选用了一种新型科技木。与天然木材相比，科技木几乎不弯曲、不开裂、不扭曲，其密度还可以人为控制，产品稳定性能良好，在加工过程中，它不存在天然木材加工时的浪费和价值损失，可把木材综合利用率提高到 85% 以上。科技木防腐、防蛀、耐潮又易于加工，同时还可以根据不同的需求加工成不同的幅面，克服了天然木的局限性。这无异于是一种绝佳的室外建材，但因为单价较高，故还是把很多高处、游客接触不到的木饰面装饰修改为铝板转印木纹，在不影响美观的前提下减轻造价的压力。

天沟 - 落水系统：天沟及落水管也是各种建筑外立面随处可见的功能性设施，同时也需要兼顾美观，需要与整体的建筑风格配套。百老汇广场大部分采用黑色铸铁落水管，采用配套抱箍固定于各种墙面材料上。根据原创设计，百老汇广场大部分落水管为陶土管，然而陶土管外形如竹节，接口很多，考虑到迪士尼会有大量的儿童游客，难免有人会攀爬其上，从安全角度出发，特意改成了接口较少的铸铁管，仅在游客无法走到的地方设置了两根陶土管。

青砖外墙夜景

老青砖墙面

青砖外墙立面

百老汇广场屋顶在整个 RD&E 中是一个特异的存在，整体造型圆润，外饰面建材只有 3 种——仿铜色金属、玻璃以及勒脚部位的一点石材。顶部为大面积的鱼鳞状铜瓦片，通过配套的固定夹层层搭接。此材料造型新颖，并可以通过局部调整改变弧度，可以实现很多奇特的造型。铜瓦基层与其他屋面类型相似，但因主体结构为钢结构，无任何屋面板，故特意在主结构上铺设了一层 0.6mm 厚镀锌钢板，然后再做保温防水等。屋面中间部位需要上人进行天沟维护，故另外进行了结构加固。围绕本单体有 14 根 Y 形铸铁装饰柱，为了保持建筑立面的完整性，特意将 4 根雨水管连接至空心柱中，做内藏式处理，并在下部柱础的位置单侧开设检修暗门，方便以后对落水管的维护。

百香食街是一座比较特殊的单体。位于园区停车场附近，是具有中国特色的餐饮区。运用新红砖、广东小青砖做饰面，加上中国特色的陶土瓦和石材勒脚，让中国文化融于迪士尼里，在扶手栏杆和墙面装饰上又加入了迪士尼中的米奇头像，使原有的建筑富有朝气与童趣。在这栋特殊的单体中最具有特色的是轻钢龙骨复合墙体，轻钢龙骨复合墙体清水墙饰面与粉刷饰面、铝百叶装饰面层，GRC 代替传统工艺。

下村中清水砖墙饰面在清水墙基层处理中分为混凝土表面处理和砖墙表面处理。当基体为混凝土时，先剔凿混凝土基体上凸出部分，使基体保持平整毛糙。基体表面如有凹入部位，则需用 1：3 水泥砂浆（15mm）补平，之后再涂上一层 1.5mm 厚的防水涂料。再外层是 C50 轻钢龙骨内填保温岩棉，这样就具有了保温恒温的功能，满足了对建筑外立面的规范要求。在轻钢龙骨外，为了避免隔墙根部受潮、变形、霉变等质量问题，在表面上涂一层防水透汽膜。因轻钢龙骨的配件自攻螺钉会穿过防水透气膜，留下孔洞，所以在自攻螺钉穿过的地方贴上一块软性胶带，直接与防水透汽膜搭接密封，之后贴上钢丝网。为了防止钢丝网与轻钢龙骨结合不牢，发生空鼓，在中间填 20mm 厚水泥砂浆结合层，用来增强附着力。最后在每 500mm 位置插入一根 ϕ6 拉结插筋。这样能使墙体和结构连接更好，也可起到较强的抗震作用。

哈迪板墙外立面

乐高旗舰店外立面

中国金融
信息大厦
室内精装修

项目地点
上海市浦东新区东园路 18 号

工程规模
1480.7695 万元

建设单位
中国金融信息中心有限公司

开竣工时间
2012 年 12 月 ~2013 年 8 月

获得奖项
2013 年白玉兰奖
2014~2015 年鲁班奖
2015 年金石奖

大厦入口

工程概况

中国金融信息大厦作为新华社金融信息平台的重要载体和上海总部的营运场所，集金融资讯采集、发布、数据挖掘、指数产品研发等于一身，实时滚动向全球发布金融、证券等信息和数据。

工程类型：框剪结构，地上 22 层，地下 4 层，总建筑面积约 69058m²。

工程施工范围：一层大堂、二层共享大厅及二夹层，面积约 3800m²。

工程开竣工日期：2012 年 12 月 1 日开工，2013 年 8 月 31 日竣工。

中国金融信息大厦

施工及质量情况

工程进场后，根据装饰施工图，着手做了一系列的准备工作并进行施工安排，在各分部分项施工前均进行了全面的技术交底，各道工序都经过了自检、互检、交接检，合格后报总包及监理单位验收。严格把好材料质量关。材料进场时由项目材料员、质量员负责当场核对证件和实物是否一致，特别针对有施工难度的材料，如大理石、菱形铝板、不锈钢、热熔玻璃等材料，逐一检验板块质量，不符合的当场退货。施工过程中，严格按设计图纸和现行规范组织施工。在原材料的组织上，项目部严格把好原材料的质量关，进场的材料均提供有合格证（或相关质量证明文件）和检测报告，对进场的材料（细木工板、吊杆、龙骨、防火涂料、角铁等）按规格、批次严格进行抽样，严禁不合格材料用于工程中。

在施工质量验收中以现行国家标准规范为依据、为最低验收标准，并严格按规定执行。

施工部位主要材料如下：

楼层	部位	材料名称
一层	墙面	意大利红大理石、罗马洞大理石、雅士白大理石、热熔玻璃、颗粒不锈钢
	顶面	蜂窝铝板
	地面	罗马洞大理石
二层	墙面	墙布、艺术玻璃、紫点金麻大理石
	顶面	蜂窝铝板、穿孔铝板、石膏板
	地面	实木复合地板、地毯、紫点金麻大理石
二夹层	墙面	乳胶漆
	顶面	铝板、石膏板
	地面	玻化砖、紫点金麻大理石

施工难点及解决措施

难点一 罗马洞石石材地坪铺贴

本工程的一层大堂区域采用石材地面的面积达到1200m²，单边最长距离为50m。如此大面积的石材施工，必须在施工中控制因自然气候的温度变化及建筑物的不均匀沉降（应力变化）引起的石材爆边、弯曲、断裂等问题，还要解决石材板块本身的色差问题。

大厦共享大厅

解决措施

大堂地坪石材施工质量的好坏，将直接影响到整个空间的设计装饰效果。而地坪石材最后的施工质量好坏，极大程度地取决于地面石材放样的准确性高低。

1）根据施工图纸及业主、总包的交底，弹出建筑物原有轴线并予复核。

2）根据复核后的尺寸（半径）在电脑中绘制地坪放样图和排版尺寸，并进行拟定的排版编号，交设计确认。

3）依据电脑排版的尺寸，结合轴线在施工现场弹出"#"字线，并进行封闭；如无法封闭，则证明电脑计算或实地放样有失误，找出原因立即修正。

4）根据实地放样尺寸与电脑计算尺寸进行复核，并出具正式石材加工清单。

为确保地坪最后的铺贴质量，在施工中采取了以下各项保证措施：

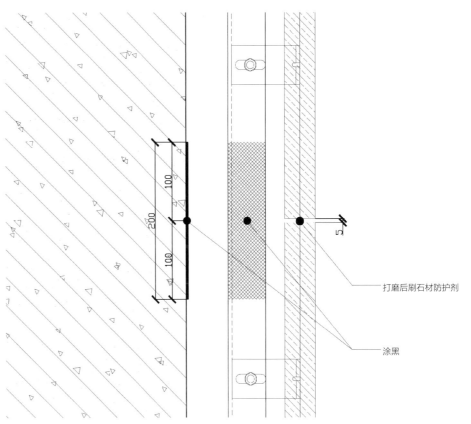

打磨后刷石材防护剂

涂黑

离缝处理示意图

依照设计制订的石材纹理走向，确保花纹、底色尽可能一致，以把握大堂整体装饰效果和出材率，对每扎开出并研磨后的大板进行严格把关，并进行加工现场首件排版，对照花纹衔接和所需的装饰布局尺寸，确定规格板的裁切。主要是剔除板块中色差严重、裂缝明显等不符合要求部分，还要注意因石材中不同部位云母含量差异引起的反光反差特别强烈的现象，并进行石材六面体的防潮防腐处理。

根据排版图及轴线，对照工程板编号在地坪上实地满铺（地坪必须预先铺上50厚中粗干砂，塑料薄膜，以防石材遇潮变色）。

石材干铺后，对其进行两个方面的审查：石材实际尺寸加工是否准确，是否能在今后的施工中全面封闭（尺寸）。

石材在整个空间范围内色差是否处理合理；反之，则马上进行调整或其他处理。

避免实地铺贴所产生的累计公差。整个施工面根据原已弹出的"#"字线分为多个小区域，并在各区域内自行控制外框线和内部尺寸，区域间跳跃状铺贴，消除因

大厦内部入口

大厦墙面铺贴

大厦电梯厅

累计公差引起的总尺寸误差。在整个施工过程中，为了更好地保证地坪的平整度，施工操作人员除了使用 1.2m 或 1.5m 的标准水平尺外，还必须结合 3m 铝合金托尺，边施工边复查，保证其单面翘头和平整度（用塞尺验证）在 1mm（公司自定标准）的允许误差范围内。

地坪石材铺贴完工后，立即进入产品保护程序。

难点二　石材墙面干挂

一层大堂的干挂石材采用的是罗马洞石及意大利红大理石墙面，石材板块尺寸为 1400mm×400 ～ 500mm 竖向安装（弧形楼梯部位），洞石板块尺寸为 1400mm×700mm 横向安装（筒体部位）。板块尺寸过于细长或面积过大，可能在长期使用中，因石材内在应力变化而出现弯曲等问题。

解决措施

石材墙面钢架解决措施

石材干挂饰面由于面积大、高度大，其基层钢架必须进行受力计算（钢骨架是否能够承受石材的重量而不变形）并安装牢固，墙面石材为离缝安装可能造成水平固定钢架位置及整体受力发生变化。导入深化设计解决干挂石材累计荷载和建筑应力变化造成的隐患。

离缝安装可能产生的问题

由于墙面石材采用 5mm 离缝处理，将石材的离缝端面处先进行初道抛光以消除石材锯痕，然后进行石材防护处理。同时对石材离缝处里部基层面（包括钢架）上下各 100mm 位置进行刷黑处理，消除因水平位置或漏光造成的观感质量隐患。

石材墙面安装质量控制技术

筒体部位的墙面石材高度为 9.4m，罗马洞石板块尺寸为 1400mm×700mm，13 排分隔，横向安装。

弧形楼梯部位的墙面石材高度为 9.1m 和 6.3m，罗马洞石板块尺寸为 1400mm×420～520mm（按部位均分），4 排和 7 排分隔，竖向安装。

在石材安装前，根据整体设计的要求，从公共部位的空间、色调及其他饰面和使用功能等统一协调考虑，尽可能参与对石材品种的确定。加工后的成品板根据排版图中的不同位置及石材品种进行编号，按类堆放。

在石材干挂墙的顶地面烧焊 2 根通长的角钢，在角钢之间悬挂 2 根钢丝绳，来对石材干挂墙面进行实时的整体质量控制。

先检查加工好的石材是否符合设计要求，再检查基层钢结构的平整度和垂直度，安装干挂件后再检查一次；每挂装一排石材后，必须复核与垂直和标高基准线的吻合度，每安装好三排石材时，再复核一次，以消除累计误差。

墙面石材施工完毕后立即进入产品保护阶段。在施工部位 2.4m 以下由内到外分三层保护，分别为塑料薄膜、10mm 厚泡沫塑料、多层板（纤维板）。在阳角部位采用成型护角条、泡沫塑料、塑料薄膜进行保护。

难点三　二层的圆弧形热熔艺术玻璃的墙面安装问题

二层的圆弧形热熔艺术玻璃的墙面安装问题，是本工程的施工难点。一是要体现设计效果，二是要满足整个热熔艺术玻璃墙的承重要求（热熔艺术玻璃的重量为 12kg/m²），要轻捷牢固。

装饰细部

解决措施

采用工厂定制加工和现场安装方法。

每块热熔艺术玻璃形成一个单元。每个单元的金属安装框架采用工厂定加工。制作热熔艺术玻璃单元的首期样板，提供给业主及设计确认。

圆弧形墙面的纵、横向承重系统构件采用 2mm 厚的不锈钢板在加工厂弯制成型，现场安装。

室内

横向弧形承重系统构件为 2mm 厚不锈钢板弯成矩形方管，作为水平方向承重梁。纵向构件为 2mm 厚不锈钢板弯成 T 形方管，作为稳定和承重传力构件。

纵向构件的布置分隔深化设计提出后交设计确认。

施工顺序：深化设计确定→安装纵、横向的承重系统构件→热熔艺术玻璃施工排版→出具热熔艺术玻璃及金属框加工单→组装热熔艺术玻璃单元→固定热熔艺术玻璃单元。

难点四 大堂菱形吊顶安装的难点以及与机电配合问题

共享空间的二层菱形铝板吊顶，面积在 1000m² 左右，安装高度为 9.1m。在施工方面存在着多方面的平直度和顺直度的掌控和与机电点位的配合精准度的把握等施工难点。

解决措施

1）蜂窝铝板本身加工质量的控制。铝板的加工量比较大，而且为菱形翻边安装，因此由项目部派出专人，根据深化图及加工单，专门负责控制铝板的材质、单板铝板加工的平整度以及铝板 45° 翻口折边边线的柔顺性，包括铝板的包装与运输问题。

休闲空间

公共空间

最主要的加工问题是铝板加工批次误差，因此在加工时，每加工一个批次或一个生产日，即与上一个批次和生产日进行比较复核，做到每块铝板的尺寸规格一致，便于安装。

2）共享空间平顶从 7 轴位置开始安装，同时向两边展开。二层从 1/2 轴（斜线）位置开始安装，同时向两边展开。

由于安装存在人工误差，施工现场将整个平顶安装区域划分成若干安装"＃"字形小区域，分别弹出平顶安装完成面（灯槽线），通过地面弹线（再引至平顶）和标高杆，从龙骨安装开始，分别控制平顶安装整个顶的平直度和灯槽的顺直度。每安装一个方格，立即进行复核，发现误差及时调整，以消除人工安装的累计误差，做到每一根灯槽都要通顺。

每安装完一个"＃"字形小区域，与前一个"＃"字形小区域进行复核，以保证整个顶的平直度和灯槽的顺直度。

3）使用若干水平雷射仪固定在墙面上，监控"＃"字形小区域的边线等安装施工全过程，发现误差及时调整，直至完成。

4）平顶与机电点位配合精准度的控制

菱形铝板吊顶存在与各种安装点位的配合问题，如烟感报警、消防喷淋、照明灯具（灯槽等）、视频监控、背景音响等，在施工期间注重与安装的协调及配合，可避免吊顶因安装末端点位而杂乱无章，保证施工质量。

专人负责，积极协调及配合各分包商，结合平顶镶接图内容，配合提供新管线和末端设备点位和走向，以及提供各类管线与设备设施的预留孔洞、预埋件等，先将镶接位置和走向弹线于地面，交安装单位复验后，引至平顶内安装施工。

严格执行首件样板制度

首件样板制度

在本工程施工过程中，实行首件样板制度，具体分三步进行：

第一步是材料小样。主要是根据设计师的要求确认材料的品质和色泽等。

第二步就是首件 1：1 材料样板。首期 1：1 材料样板是指完全的、未安装的材料样板，主要确认材料的规格、加工工艺及质量，明确"首件样板"的部位、比例及制作完成的节点时间要求。

第三步是施工样板（或样板墙、地、顶）。施工样板是指有一定的施工面积的样板，主要确认饰面安装节点的合理性以及设计效果。

最后在后两个样板完全得到确认后大面积施工展开。

具体措施

复杂立面及重点部位的深化设计优先出图，及时提供材料样板进行确认，给后序工作留出充分的工作时间。

在深化设计图和材料样板已确认的基础上，由业主、总包或设计指定某一区域，制作一定面积的 1：1 的各类饰面的首期样板实体模型，提供给业主、总包、设计及监理和相关部门确认。

首期样板制作的品种

意大利红、罗马洞石的干挂墙面饰面及各类的收口节点；罗马洞石地面的安装及收口节点；楼梯踏步及栏杆的安装及收口节点；墙面及平顶的安装及收口节点；墙面圆弧形热熔艺术玻璃组合的安装及各部位的收口节点；共享空间的菱形铝板吊顶与灯槽的效果及收口节点；颗粒不锈钢柱子与地面及顶面的收口节点。

上海交响乐团音乐厅精装修

项目地点
上海市复兴中路 1380 号

工程规模
6000 万元

建设单位
上海交响乐团

开竣工时间
2013 年 2~12 月

获得奖项
2014 年度白玉兰奖
2015~2016 年中国建筑工程装饰奖
2015 年金石奖
2015 年上海市装饰金奖（影剧院装饰）

入口门厅区域

2014 年 9 月，上海交响乐团音乐厅正式启用，标志着世界顶级的音乐厅在上海诞生。

上海交响乐团音乐厅建造伊始，境外总设计师就激励我们，上海交响乐团音乐厅不仅仅是一座建筑，而是打造一个精致独特的乐器。在世界一流的设计引领下，上海新丽对于施工上的每一个环节乃至每个细节都不敢有丝毫懈怠，用科技与智慧加上百分百的专注，完美打造了一座与上海大都市地位匹配的音乐殿堂。

施工主要范围：A 厅、B 厅及公共区域层精装修，装饰建筑面积 21661m²，工程于 2013 年 2 月开工，2014 年 5 月竣工，荣获上海市白玉兰奖和全国

公共区域

公共区域一角

公共走道

公共走道侧墙装饰

装饰奖。整个施工过程，不仅保证设计风格得到充分体现和最大限度满足使用功能，而且从装饰整体观感到细部处理，都以其豪华靓丽的视觉冲击力和细腻精深的艺术感染力而受到高度赞誉。

室内精装修亮点：

1）容纳 1200 座的主厅采用葡萄园式构造，建筑设计根据建筑声学理念，1:10模型进行电脑仿真测试和精密计算。观众席整体排布立体又具有亲和力，并以表面不规则的独立墙分割，每一块都有效提升厅内的声音反射。舞台地板采用厚达50mm 日本北海道扁柏木，舞台上的演奏家能够享受到极佳的返听效果。

2）墙上 6 块经过周密计算的大型反声板，能均衡地反射声音到每个座位，产生最佳声学效果，还可利用高性能投影装置呈现动态影像。室内吊顶和墙体材料坚硬

分众栏板近景

分众栏板木护墙局部

分众栏板木护墙

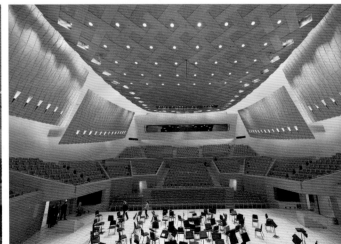

演奏 A 厅内景

沉重，墙面采用不规则粗糙表面来提升厅内声音反射效果，制造丰富温暖的音色。演奏厅中还密密麻麻排布如装饰条纹般的近 3 万根条状反声板，细看之下每根之间的间距各不相同，而这些间距是经过严密的声学测算而得出的结果。

3）在墙面及饰面运用上，根据设计师要求，在交响乐演奏厅墙壁上设计了 6 块 3D 面墙面反射板，尺寸（最长 × 最高）为 13854mm×8690mm（左右 2 块）、16228mm×8373mm（左右 2 块）、22543mm×7299mm（舞台正面）、28290mm×7030mm（观众席背面），1 块 3D 面顶棚反射板，尺寸（最长 × 最宽）为 31570mm×21400mm。反射板板块的构造为 GRG 3D 曲面板、层积木 + 贴木皮、交织复合木饰面 (3D 曲面加工)+ 层积木 (3D 曲面加工)。音乐厅内全部木制材料包括吊顶与四周的反声板、隔断、观众席的地板、座椅都具有反声的作用，这是为了保证厅内的任何一个角落都是听觉上的"黄金位置"，木材的每一处细微凹凸都经过了严密的计算，这些曲线不是为美观所做的，而是实实在在出于对声学效果的考量。

4）上海交响乐团音乐厅的设计采用了套盒模式——演艺厅与建筑外墙采用相互隔开的双层墙，即"房中房"噪声振动控制系统，演艺厅本身的墙壁和地板再采用双层中空结构，从而确保音乐厅外的噪声或振动无法对室内进行干扰。另外主厅的内部装修木材，特别重要的地方就是舞台的地板。大提琴、低音提琴等乐器是

演奏 A 厅

直接放在舞台的地板上来演奏的。乐器的震动传导给地板，然后地板与其一起再震动，舞台地板就如同乐器的一个组成部分共同工作。所以必须选定最合适的地板木材。主厅地板选用的是扁柏木。

上海交响乐团音乐大厅正式交付使用后，极具冲击力的设计效果、极致的细部节点处理、完美的音质效果，得到了日本设计师、使用方及社会公众的一致好评和交口称赞。

演奏 B 厅内景正面

演奏 B 厅内景侧面

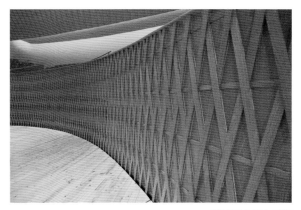

演奏区分隔木护墙

中国银行
上海市分行室内
修缮及精装修

项目地点
上海市中山东一路 23 号

工程规模
1925.5935 万元

建设单位
中国银行股份有限公司上海分行

开竣工时间
2006 年 5 月 ~2007 年 7 月

获得奖项
2008 年中国建筑工程装饰奖
2012 年上海历史建筑装饰修缮工程奖

大堂

中国银行上海市分行设立在中山东一路 23 号大楼内，该大楼为全国优秀近代建筑保护单位，属于一类保护对象。

中山东一路 23 号大楼位于上海市十一处历史风貌保护区之一的外滩地区，东临外滩，西至圆明园路，南临滇池路，北面为工商银行大楼。建筑于 1935 年开始建造，主体结构于 1937 年完工，距今已有 70 余年历史。1996 年被国务院核准公布为全国重点文物保护单位。

大楼建筑占地面积 5129m²，总建筑面积达到 33720m²（不含地下金库），分东西两座大楼。东大楼为主楼，高 16 层，西临外滩，是外滩建筑群中唯一的一幢高层建筑；西大楼为次楼，楼高 6 层（五六层为新加楼层），局部 7 层，东西总长 161m，南北长 28m。整个建筑立面以垂直线条为主，平正冲和，带有中国传统的建筑韵味。

该大楼结构主体为钢框架结构，局部钢筋混凝土框架结构。

营业厅主入口

二层营业厅入口大门

银行主入口石材翻新

复古吊灯

营业厅一侧

营业厅一瞥

装饰修缮施工部分：

1）底层为（25）轴至（30）轴，为营业厅部分。

2）一层为（10）轴至（30）轴，为营业厅部分。

3）夹层为（10）轴至（30）轴，为营业厅部分。

4）四层全部，为办公部分。

装饰施工面积为 6400m²，1~2 层和首层大堂以及走道、电梯厅等公共部位。

营业厅

营业厅休息区

大堂营业区

大堂营业区

大堂营业区

大堂接待隔断

大堂经理接待处

二层电梯厅

主要装饰修缮部位及修缮方案：

1）营业大厅内的 16 根八角形大理石柱（大理石产地为法国、厚度为 5.5 ～ 7.0cm），存在不同程度的损坏，表面因勾缝材料风化，导致石材断裂破损。因年代久远，石材难以寻找及采购，将原有的、无破损的柱面石材拆除后切割成 2 片，替换已破损的柱面石材。16 根八角形大理石柱上的石膏柱帽，破损严重的由加工厂根据原样制模制作，其余予以原样修补，以达到应有的建筑风貌。

2）进厅木制门帽修复根据设计改为紫铜浇制品及铜皮包覆。

3）营业大厅内的原木栅粉刷平顶由于年代久远，以及设备管道渗漏水而受潮、脱落。铲除原有石膏粉层，满贴网格布以及原样恢复原有的木制和石膏造型，最后批嵌及以乳胶漆粉刷。

4）由于地面原有金莎米黄石（色泽及板块）均在现有石材市场难以采购到，除首层营业大厅地坪石材调换成新的莎安娜米黄外，其余地面的修复，特别是银行进厅之扶梯地面均采用现场人工打磨返新，地面破损部分用拆除墙面石材、厂内加工打磨、现场恢复的方法，遵循修旧如旧的修缮原则进行。

二层办公区俯瞰

法国红石材柱翻新

上海外滩源历史建筑外墙修缮

项目地点

上海市黄浦区南苏州路以南，香港路以北，虎丘路以东，圆明园路以西

工程规模

3848.9123 万元

建设单位

上海洛克菲勒集团外滩源综合开发有限公司

开竣工时间

2009~2013 年

获得奖项

2011~2012 年中国建筑工程装饰奖
2012 年上海历史建筑装饰修缮工程奖

真光广学大楼

中实大楼远景

外滩是近现代上海城市生长和发育的摇篮，而位于外滩源头处的一批极具特色的近代建筑（20 世纪 20 年代和 30 年代的建筑），很多都出自英国建筑师之手。这些建筑留存着无数仁人志士的时代印记。每幢建筑的设计建造，都凝聚着那个时代最精湛的建筑艺术。外滩源区域今天仍保留着欧洲文艺复兴、新古典主义、折中主义、装饰艺术派、现代主义等建筑风格各异的近代历史建筑，如原英国领事馆、联合教堂、教会公寓、光陆大楼、广学大楼、兰心大楼、协进大楼、哈密大楼、女青年会大楼、圆明园公寓、安培洋行大楼、益丰洋行大楼等，这些经历了岁月风霜的老房子，看似洗尽铅华，却是今天仍可触摸的文化遗产；既是现代和历史对话的桥梁，也是我们保护和开发外滩源的物质基础和价值所在。为保护这些风格迥异、极为珍贵的历史优秀建筑，使其焕发青春，重塑黄浦江和苏州河水岸的城市魅力，着力修缮和还原历史建筑风貌已经刻不容缓。

上海新丽装饰工程有限公司有幸参与了外滩源历史建筑群中四幢，即真光大楼、中实大楼、协进大楼和兰心大楼的外墙及室内的修缮和保护工程。而对这些历史建筑外墙进行修缮保护，则是该工程的重点、难点，也是亮点。

兰心大楼外墙修缮完成

亚洲文会大楼外墙

外滩源历史建筑建筑的外墙多采用花岗石、水刷石、泰山砖贴面等。建筑建于 20 世纪 20 年代，长期受到气候环境污染及后期不恰当维护等多因素影响，其表面已吸附、沉积了厚厚的污垢层，久而久之，建筑物外立面演变成现在状况，失去了本来的建筑之美。为使它重现昔日的光彩，我们制定严格的施工方案经报批后，对建筑外墙进行科学的清洗、修补、防护。

外滩源各建筑外墙受损风化的主要原因：上海地区湿度大，酸雨频率较高，易引起外墙不同材料的成分变异，出现泛黄、锈斑、不干水痕或钙变等病症，加速墙面风化。城市大气中含有大量尘土、燃料残渣及汽车尾气油尘，主要成分为钙镁盐类、有机物和油污，附着力极强，这些污尘通过飞扬、下

兰心大楼楼层进户门及门套

中实大楼近景

中实大楼内景

雨等多种渠道，吸附在多孔隙的墙面表面和浅层，日积月累地造成难以清洗的黑斑、污斑。环境因素的侵蚀集中表现为对文物建筑的风化作用，包括紫外线辐射，干湿度、温差的变化，引起墙体的胀缩和开裂；渗透水引起溶蚀，表面富集含结晶水的盐类，失水粉化，吸水重晶引起体积缩胀，加速墙体表层颗粒的连接破坏和裂缝扩张。雨水（酸雨）冲刷和大气中氧气、二氧化碳、氮氧化物共同进行水化、氧化、还原、酸化等综合作用，造成岩体中的部分不溶性盐类转变为可溶性盐类，并溶解扩散到表面，造成表面缺损、蚀坑。流失的乳状钙盐又因紫外线的辐射和水分的蒸发，造成二次结晶，留存到其他部位形成了遮盖、增生和变色；钙失的不断循环，岩体固有成分的变化和损失，加速了原建筑石质的疏松，产生了蚀坑等。

解决花岗石、泰山砖及水刷石等材质外墙受损风化难题的主要对策是：外墙清洗→外墙损坏部位修补→外墙防护。

根据该建筑物外立面侵蚀状况，决定采用物理与化学相结合的方法进行清洗处理，除去其表面各类污垢。保护外墙上非石材部分，清除外墙表面污物与浮尘。随后采用化学方式重点清洗外墙表面的顽垢、色素，清洗渗入局部外墙内部的锈垢。接着实施整体清洗。

针对外墙表面开裂、小洞孔密布的难题，首先清理外墙表面小洞孔部位，其次对墙体开裂部位进行开裂、去渣处理，再次调和修补剂填补开裂处与小洞孔，最后磨平开裂修补部位。遇到外墙表面严重破损、花岗石缺失部位，即进行表面切割，

去除无法修缮的部位，然后根据切割后的几何形状，寻求同质材料进行镶嵌弥合处理。

为增强修缮后建筑外墙抵抗外部侵蚀的能力，对建筑外墙全部采取防护措施，即应用特殊水性防护剂对整个外墙实施喷涂。该防护剂能有效渗入外墙内部，表面不留任何痕迹，不改变墙面颜色，不影响材料的透气性，并具有优良的耐化学性、抗老化和耐磨性，使用寿命长，具有防水、防冻、防污染、抗风化和保色，防止苔藓、地衣及霉菌的生长，冬天不会因吸水结冰膨胀而剥落等功能。

按照"重现风貌，重塑功能"的城市建设的整体思路，外滩源区域将成为多功能、高品质、国际化、标志性、高效能的中央商务区。本着"修旧如旧，还其原貌"的原则和尊重历史、崇尚科学的精神，以工匠之心和手段，将外滩源洛克菲勒历史建筑打造成为服务上海、走向世界的独具特色的一张城市名片、"经典黄埔"的新地标，延续了旧日上海外滩源头风貌。

外滩 12 号浦发银行室内装饰设计与精装修

项目地点
上海市黄浦区的中山东一路 12 号

工程规模
80 万元

建设单位
上海浦东发展银行

开竣工时间
2004 年 10~11 月

外滩 12 号外景

室内装饰与陈设

塔楼六层酒吧区

上海是一座国家历史名城，"海派"建筑是上海历史文化重要载体，历史建筑的保护一直是上海延续城市文脉的重要工作之一。如果说历史建筑外立面修缮是保护建筑本体，那么室内修缮就是为了更好地提高使用价值，所以说历史建筑不仅需要"保得住"更要"用得好"。"用得好"的言下之意，是必须结合当今现代化高速发展背景需求，融入新的技术手段，使历史建筑焕发青春。历史与现代两者完美结合免不了产生技术上的冲突和思维上的碰撞。为了更好地利用和保护历史建筑，室内修缮设计和施工如何合理解决上述诸多问题，重要性不言而喻。

1）提升建筑使用舒适度。注重历史建筑文脉保护，还原建筑真实性。历史保护建筑大多年代久远，设置的暖通、消防、弱电等机电配套系统，与现今使用功能和使用时间跨度上存在很大差异，已不能满足现今功能需求及舒适度要求。因此在新的室内修缮设计中为了提升建筑舒适度，必须重新设置机电配套系统，而新设的机电配套系统既不能破坏原建筑室内重点保护部位，还需与室内修缮设计风格相协调，还原真实性。因此机电设备正确选型及"巧妙隐蔽"布线对室内修缮设计原真性保护尤为重要。

本次修缮设计在使用功能和时间上与原建筑存在差异，为了保护建筑和建筑的整体美观，兼顾空调舒适性和保持环境的安静，并避免设计对原有机电设备系统正常使用造成影响，因此采用独立的空调系统风冷系统，新风系统采用低速风道集中送回风方

酒吧区局部

式。空调系统室内和室外通过水管连接，对建筑外立面的破坏降到了最低。设备选型确定后，接下来需确定安装方式及管线走向。现场勘察分析发现，空调设备不可能设置在顶棚顶部，否则会破坏原有重点保护部位，因此决定使用内藏式落地风机，出回风形式采用上部送风、下部回风。设备确定以后，考虑与室内修缮设计相协调，既要满足功能，又要保证修缮特色效果，因此为了巧妙隐蔽设备机器，设备均匀设置在矮窗处，采用装饰面板包覆，保证设计风格的整体性，并在上部出风口部位与窗框镶接处设置宽大的窗台板，出回风口形式摒弃原有配套风口，而采用与原建筑室内风格相一致的精致铜花式风口，宽大的窗台板也可放置饰品点缀，使其既美观又实用。由于空间层高较高，空间较大，安装在矮窗台处空调风机数量，经计算达不到空调设计要求。鉴于现场情况，在墙面增加空调设备，由于设备突出墙面达300mm，整体包覆可能造成空间的浪费，因此结合室内修缮设计风格，采用装饰假柱包覆，把空调设备隐藏在里面，送回风形式采用两侧面送回风。通过以上两方面设备的合理设置，使其既满足功能需求又满足修缮效果。

2）提升内部空间使用功效，遵循历史保护建筑可逆修缮原则。由于历史资料、修复技术与主观认识上的局限，在修缮设计过程中，必须以不直接损害历史建筑为前提，以便日后拆除复原，以及今后更科学更完善的修缮。因此尽量选择可逆技术和可再处理施工措施，避免对历史建筑造成不可逆干预。本案原建筑塔楼中部四层、五层在1920年设计时为通高空间。2010年经房测报告提供，五层楼地面通高区域已被木格栅封堵，相对应区域楼下四层为会议中心并正在使用。为减少对原建筑使用功能的干预，在设计和使用中全部采用轻质材料，采用可逆技术措施，在细部处理上增加对历史保护建筑的可识别性处理，两者有机结合。

3）提升历史保护建筑防火、节能能力，注重对保护建筑的最小干预。为加强历史文物建筑消防安全，减少火灾，提高文物安全等级，修缮保护设计针对建筑防火能力作专项设计。但历史保护建筑防火设

五层主餐区复古屏风

塔楼五层主餐区全景

计实施与现行防火设计规范肯定不完全一致，这有两方面因素，一方面是历史建筑本体现状是否满足现行防火规范要求，另一方面是重点保护部位保护方式与现行防火规范是否冲突。因此在修缮设计中要合理解决上述问题，并减少对建筑的干预。所增加的安全防火措施也应延续现状，避免对重点部位的永久损伤。本案原建筑为一类高层，耐火等级一级，为国家重点文物保护单位。在本次五层、六层修缮中，两层面积为470m²，区域内有两个疏散楼梯均为开敞式，由于有一疏散楼梯直接通向四楼门厅，面积40m²，考虑区域内设计成一个独立的防火分区，因此在四楼门厅处设置防火门与其他防火分区隔开，这样四层门厅、五层、六层就形成防火分区。每个楼层各划分独立的防烟分区。按照现行防火设计规范在楼梯口处需要设置挡烟垂壁，可是根据现场情况勘察分析，楼梯部位为重点保护部位，安装挡烟垂壁可能会破坏楼梯间的装饰。考虑到文物保护的特殊性，又因五层、六层大空间对外均有大面积可开启窗户，开窗面积经计算大于房间面积的2%，因此决定采用自然排烟，在满足消防设计规范前提下，尽量减少对文物的破坏。

4）对重点空间的保护是本次装饰修缮的重中之重。本建筑六层塔楼钢框架结构（薄壳结构），以古罗马万神庙穹顶为设计源泉，高度 9300mm，是外滩 12 号的标志。这个标志性空间在内部修缮设计上也碰到诸多技术和理念上的问题。根据现场情况，六层吊顶被 70mm 厚混凝土预制板搁置在水平钢骨架上，已看不到内部穹顶空间，内部空间的使用采用垂直钢爬梯进入。经多方面查阅资料，原始建筑空间为敞开设计，六层空间高度为 5200mm，加穹顶在内，整个空间高度达 14500m，空间气势磅礴，内部可以看到钢骨架薄壳结构，体现了当时精湛的建筑施工技术。经分析，现状设置预制板可能在 1956 年以后作为办公用途，从节约能耗角度出发，把吊顶封住。从这几方面因素，决定本次修缮设计以尊重历史为主旨，拟拆除搁置在钢骨架上的预制板。但是从安全角度上考虑，让整个骨架系统迅速减负，可能会造成不均匀变形，因此在拆除方案中，采取对称拆除方案，拆除预制板数量控制在一定范围内，同时检测位移变形量，经过一段时间的观察和检测后拆除全部的预制板块。接下来对原有钢结构构件进行维护保养，表面喷涂防锈底漆和装饰面漆。在室内修缮设计中结合灯光设计烘托环境氛围；在空间建筑声学处理上，由于空间高度较高，空间打开后，可看见内部薄壳为素混凝土，表面光滑，不利于吸声，因此在表面处理上采用了米灰色吸声涂料，并获得了良好的声效。

楼梯区域俯视　　　　　　　　　　　酒吧区一角　　　　　　　　　　　吧台

大世界保护
室内修缮

项目地点

上海市延安东路 457 号

工程规模

7760.071 万元

建设单位

大世界传艺中心

开竣工时间

2016 年 4~10 月

获得奖项

2017 年白玉兰奖
2017~2018 年中国建筑工程装饰奖

大世界夜景局部

大世界夜景局部

室内哈哈镜

室内公共区域墙面与吊顶

"大世界"是上海最大的室内游乐场，素以游艺、杂耍和南北戏剧、曲艺为主，位于西藏南路、延安东路交叉口，始建于1917年，创办人黄楚九。新中国成立后曾改名"人民游乐场"，1958年恢复原名，1974年改名"上海市青年宫"，1981年大世界复业，定名为"大世界游乐中心"。1989年上海大世界主体建筑被上海市人民政府公布为"上海市优秀近代保护建筑"。依据《上海市历史文化风貌保护区和优秀历史建筑保护条例》第二十五条要求，大世界主体列为第三类历史保护建筑。2008年起，大世界闭门谢客进行历史建筑保护修缮，在原建筑立面和结构体系不变的情况下，依据历史资料修缮恢复原建筑的立面形式，加固原有结构体系；根据业主使用要求，适当改造内部平面布局。2017年，上海"大世界"在百年"诞辰"之际，以上海非物质文化遗产展示中心的全新形象"复出"。

大世界至今已有100年的历史，曾经是旧上海最吸引市民的娱乐场所，里面设有许多小型戏台，轮番表演各种戏曲、曲艺、歌舞和游艺杂耍等，中间有露天的空中环游飞船，还设有电影院、商场、小吃摊和中西餐馆等，游客在游乐场可玩上一整天。

大世界重新运营后，定位于非物质文化遗产与民间、民俗、民族文化，以非遗的原生态和再设计作为主脉络。大世界总建筑面积约为16800m^2，总高度约21m，出屋面塔楼高约52m。地下2层，地上4层，天桥为2层，局部有3层，舞台地上主要为1层（局部设施层为5层），均属多层建筑。整体风格为U形结构，中庭回廊和大舞台形成了独特的建筑风貌。根据业主需求，一层为入口门厅、对内小型商业、对外沿街小型商铺，二、三、四层为小型表演场所。

一层门厅

1）一层哈哈镜展厅是大世界的核心部位。游客通过安检跨入大世界，第一眼看到的就是12面哈哈镜。通过与业主的沟通，对哈哈镜的木质边框进行了加工安装，通过仿古的处理措施，尽量让大世界风貌修旧如旧。

2）公共区域整体墙面石材。墙面及腰线采用暖色调的法国金花大理石，3mm×3mV形缝的安装手法，有效避免石材密拼出现高低不平现象，保证了墙面的整体观感。踢脚线采用深啡网纹大理石，地面选用法国金花大理石陶瓷锦砖铺贴，拼缝整齐，排版美观。工程整体效果时尚美观、简约大气，大理石与柔和灯光完美搭配，给人和谐典雅的美感。

3）公共区域顶面为石膏板配GRG线条，灯槽内配黄色LED灯带，造型简明，光线柔和，再配合GRG梁托，整体装修风格还原老上海风貌特色。

4）一层门厅的水磨石楼梯属于文化保护项目，只能对其进行拆旧还旧。根据原有颜色多次调色，进行还原修复；木质栏杆扶手根据原有式样进行还原。

非遗设计室

数字非遗

三、四层演出场馆

1）大世界结合当下生活，在二至四层场馆内开设了非遗原生态、数字非遗、传习教室、非遗再设计、非遗书院、传习教室、非遗主题馆、VR 体验、非遗剧场、非遗美食、民俗文化等功能业态，揭开非物质文化遗产的神秘面纱。

2）二层设戏曲茶馆，装修风格以木饰面为主，地面考虑到建筑的年限问题，地坪高低差采用架空地板面贴实木复合地板方式。携手来自于全国各地的曲艺戏剧名角，鼓励和孵化以非遗和"三民"文化为元素的创新剧目和表演形式。另外还持续邀请国家级和地方代表性手工技艺传承人，携家族藏品和个人代表性作品，亲临现场，进行工艺表演和作品展示。

3）大世界特别设置数字非遗板块，包括虚拟现实厅和多媒体体验厅，将丰富多彩的非遗传统文化项目与科技手段相结合，以休闲和互动的方式，寓教于乐，满足青少年获取知识的好奇心，使传统文化焕发活力。

4）三层设非遗再设计、非遗书院、传习教室。非遗书院以浅橡木饰面装饰风格为主打，配合橱柜售卖各地特色产物。

5）传习教室倡导传承创新、匠心文化，首期推出"非遗传习作品展"，展品覆盖 20 余种非遗技艺，同时开设多种类、多主题培训课程。

6）美食是非遗的重要组成部分。大世界内常设中华非遗美食和国际非遗美食餐厅，不定期举办美食技艺表演、制作培训等活动。

7）大世界四层非遗剧场，是国内首个"非遗"全息声演艺空间，全场 120 余个顶级音响布阵。在此，人们可以观赏舞台剧《重返狼群》，进行 360° 环绕式体验。

8）非遗主题展设置了图书墙、配合运营方的非遗敦煌文化遗产布局，呈现出另一番情景。

露香园住宅室内精装修

项目地点

上海市黄浦区上海露香园项目一期高区

工程规模

2822.034177 万元

建设单位

上海露香园置业有限公司

开竣工时间

2014 年 3~7 月

外立面

露香园地处上海市黄浦区淮海路旁老城厢畔，外滩、新天地、人民广场上海三大地标的黄金结合点。项目西接人民路、淮海东路，南至方浜中路，东至河南路，总占地面积约 15.8 万 m²，地上总建筑面积约 38.6 万 m²，是市中心罕见的高端大型开发综合社区，项目包括酒店式公寓、高端公寓、城市别墅、精品酒店以及一流商业和私家泛会所。其中高区是两组四排 8 栋 15～31 层高层住宅楼，一幢酒店式住宅、会所和商业裙房，是一座集商业、办公、餐饮、酒店于一体的新型建筑综合体。低区建几十栋 2 层或 3 层的别墅以及上海市实验小学。高区和低区分别建造地下 2 层，地下车库停车位共 600 个。

工程由上海城投集团投资，美国葛乔氏国际设计事务所承担室内装饰主案设计，上海新丽负责高区室内装修。

高区装饰装修有两种风格。一种是新上海大宅海派风格，色调深沉、稳重，包括 200～350m² 的精装大平层公馆和约 500m² 的复式空中别墅，适合于中老年人，因为顾绣在这里诞生，江南明珠豫园在这里，传承了中国美学和文人情怀。另外一种是现代简欧风格，色调简约、明快，以时尚为主，面积大多为 200m² 以下，适合于中青年精英阶层。

空中别墅复式层

空中别墅复式层位于露香园高区每栋最上面两层或者在每栋的三至四层，建筑面积大多 400～500m²，每户配有单独的电梯，甚至还有保姆电梯，都拥有私家花园和超大面积的露台。装修风格为新上海风格。

大宅的门厅由两樘法国黑金精拼的石拱门洞分别通向卧室和客厅。休息与活动区域动静分离，互不干扰。墙面石拱门配以米黄色的石材罗马柱，地面精美的石材拼花映衬吊顶造型，在灯光的照射下浑然一体，和谐统一，使人仿佛一下子回到老上海石库门年代。

宽绰方正的大客厅，横跨 4 幅落地窗，落地窗对面是通向敞开的西餐厅的黑色石材门洞。客厅的墙面是用珍珠木饰面框镶嵌的进口艺术墙纸，木饰面框造型与石拱门洞呼应，不仅使墙面有了丰富的层次感，而且像一幅幅艺术画挂在墙面，讲述着石库门里的故事。罗马柱对面同样是做工精良、艺术感强烈的、用石材打造的欧式壁炉，冬天熊熊燃烧的炉火，不单是使整个房间温暖无比，更使房间主人有了欧洲贵族般的享受和荣耀。罗马柱、壁炉等一系

公共走道

起居室

列欧式元素融入石库门，象征着海纳百川的海派文化。地面由不同的小方块石材精心拼花而成，同方形的石膏板乳胶漆吊顶、方形的豪华水晶灯互相呼应。

不同的文化元素融合，精致的施工工艺，完美地把豪宅客厅变成了一个小小的艺术殿堂。

西餐厅在中式家庭里更多变成了早餐厅，里面有敞开明亮的吧台，豪华多功能的电器设备，同样高端豪华的橱柜颜色与户内木饰面协调一致，简单的石材地面映衬着简单的乳胶漆吊顶。

中式餐厅的墙面延续了客厅的木饰面墙纸，宽敞明亮的窗户使主人就餐时可以一览无余地欣赏室外的美景。窗户对面的镜子墙面不仅感觉增加了餐厅空间，还可以映衬室内外的景色。最大的享受是吃完饭可以直接到室外几百平方米的露台花园欣赏美景。

厨房

早餐区

客房及其一角

客房卫生间

旋转楼梯平台

复式石材旋转楼梯

旋转楼梯俯瞰

公共区域

书房

客卧墙面为进口环保墙纸，床头背景为舒适的软包，四周镶有木饰面框，电视机背景墙延续着木饰面框加墙纸的风格，地面为拼花复合实木地板，吊顶配有简单罗马槽的石膏线条，营造一种温馨、舒适的居家环境。

客卫除了配以豪华高端的洁具外，墙地面全部是用石材精工细作打造，特别是地面拼花围边与圆弧形的台盆柜和谐统一，具有艺术感的镜子在艺术灯的照耀下熠熠生辉。

通往复式二层的旋转楼梯是别墅最大的亮点，因为它不仅在有限的房间里节省了空间，起着通往二层的作用，而且还是一道风景，一件令人称奇的艺术品。底座和踏步全部是现场人工用石材精雕细磨打造出来的，而且用的是 20mm 厚的平板石材，再仔细看也看不出粗糙的痕迹来。

二层的门厅和走道延续首层的风格，石库门的石材拱洞、拼花的石材地面把不同的区域区分开来，通向两边：一边是主卧、主卫，另一边是书房、客卧及客卫。客卧、客卫与首层装修一样，不同的是墙纸颜色有一点变化。

书房大量采用木饰面为室内营造了一份稳重静谧的环境。

主人房

主人房卫生间

总统级主卧套房有独立衣帽间、双台盆五星级卫浴设施以及偏僻的健身房。拼花复合地板，配有石膏板线条的白色吊顶，主卧床顶贴的金箔（彰显主人的高贵），墙纸加木线框，延续着首层的石库门风格，带有凹槽的木饰面墙面既显高档气派又具艺术冲击感。床对面墙上的金属框配以艺术镜子使整个房间增加了现代、时尚、明亮的色彩感。

精装大平层公馆

大平层公馆位于青莲轩，约 250m²，四房二厅三卫，是真正意义上的家族豪邸，除了无敌的大空间，还可全瞰露香园别墅与历史保留建筑群的景观。装修延续着空中别墅的新上海风格。

二梯一户，独享阔绰私家门厅，主人专属电梯与家政电梯动线分离。

中西双厨房设计，独立式方正餐厅。无论中式家宴还是西式简餐均可应对自如。

轩昂阔绰起居室，宽屏落地窗，可随意俯瞰别墅区与历史建筑群。

总统级主卧套房，独立衣帽间，双台盆五星级卫浴设施。

雍景三房

雍景三房位于青莲轩楼座，建筑面积在 200m² 以下，装修风格为现代简欧，色调以简约、明快、时尚为主。

一梯一户，独享阔绰私家门厅，空间可放置鞋柜脚凳等家具。

独立方正的家宴级餐厅，可满足大家族日常用餐与亲朋相聚的需求。

宽绰的大客厅，媲美顶级大平层的豪门尺度。

露香园于沪上首创艺术地产，将建筑从千篇一律的钢筋水泥中解放出来，是对海派文化的重新注释，体现了精工打造的匠人情怀。

上海黄浦区
翠湖四期住宅
室内精装修

项目地点
上海市复兴中路 181 号

工程规模
15058.314 万元

建设单位
上海骏兴房地产开发有限公司

开竣工时间
2015 年 6 月 ~2016 年 4 月

从客厅望向庭院

上海市黄浦区翠湖四期住宅项目位于黄浦区（原卢湾区）济南路 260 弄，业主方为上海骏兴房地产开发有限公司，建筑设计由国际知名建筑设计公司巴马丹拿集团国际有限公司操刀，室内设计由业内知名设计公司尚想室内装饰设计（上海）有限公司、上海吾语建筑设计有限公司、上海苏居家饰有限公司、上海无间建筑设计有限公司等知名设计公司精心打造，其中 T3C 户型及 T2J 户型获得了 2018 年度十大豪宅设计荣誉。新丽公司负责其中 T3C 户型的施工，历时共 8 个月，从无到有，最终将作品完美地呈现出来。

T3C 户型是上海无间建筑设计有限公司吴滨的设计作品。

走道

客厅一角

开门便可见时光长廊，一张来自巴黎的老藤椅述说着过去、当下，回应了新天地的法租界历史。水纹玻璃与精致的金属把手光影交汇，克制地勾勒出老上海的韵味，将东西方的优雅融为一炉。走廊的墙面采用 20mm 厚喷砂亚克力下上进槽，亚克力背后用 LED 灯带点缀，另一侧采用浅灰色麻布硬包，配以古铜色线条，典雅高贵，让人仿佛置身于时光长廊。

客厅与餐厅的中央由一架钢楼梯分离，内与外的界限依然模糊，似离而合的格局形成一种连接，让空间融入自然的不绝力量。

楼梯细部

钢楼梯由金属网包覆，视线却未被完全阻隔，客餐厅与室外庭院隐约可见。穿过客餐厅间"虚的墙"，餐厅长卷缓缓展开。从餐厅到庭院早餐区，愉悦的空间情绪向外无限延展，透过视线末端的金属装置空洞，延伸感再次拉长，于是，内、外皆是盛宴。

客厅的墙面采用 C50 轻钢龙骨作为护墙龙骨调平墙面，然后封上 12mm 多层阻燃板，面层采用浅灰色麻布硬包，配以古铜色金属收边，整体显得大气而沉稳。客餐厅中间的钢楼梯，采用 20mm 厚钢板为骨架，踏步面为鱼肚白大理石，采用雕刻的方式将鱼肚白的线条雕刻得柔美、细腻，背面为黑白根大理石，黑白搭配，相得益彰；楼梯两侧的大梁，采用镜面黑钛饰面，与楼梯踏步背面的黑白根相呼应。栏杆扶手与铜网采用相同的古铜色，自然融为一体。铜网采用 1.5mm 厚不锈钢，冲孔后，再冲压成型，最后双面电镀成古铜色，现场安装。由于平整度要求高，将铜网分割成若干块，然后以 20mm 宽金属扁钢支撑，保证铜网的视觉整体性，同时满足平整度要求。

庭院俯瞰

庭院部分由天华园林操刀，在喧嚣的城市中，创造了一块闹中取静的小天地。配以制雾机等设备，将这一方小天地装扮得仿佛人间仙境，晨间品茗，夜间饮酒，也是极好。

北庭院地面采用荔枝面山东白麻大理石，静谧和谐。墙面采用 300mm×600mm 自然面山东白麻大理石，在大叶黄杨树斑驳的枝叶间影影绰绰，墙面留白区域采用流瀑式造型，让空间更加灵动自然。80mm 深水景池采用中国黑大理石，深邃而兼顾安全。下沉式沙发卡座，采用户外木地板饰面，让人在一天忙碌的工作后，远离城市的喧嚣，享受夜晚的宁静。

主卧室位于二楼的南侧，由一个 L 形的屏风，将主卧室排列出心的次序；不到顶的墙面硬包与书房隔断，让空间保留围合的同时，也可以自由呼吸。

庭院一角

主卧室及屏风

过渡空间装饰

主卧室墙面采用 C50 轻钢龙骨护墙，12mm 多层阻燃板打底，面层由灰色麻布硬包以及古铜色金属条分隔；固定屏风采用 20mm×40mm 镀锌方钢与地面预埋铁板焊接，靠卧室侧采用皮革软包，靠书房侧采用胡桃木染色木皮木饰面。

本户型另一个亮点，1F 铜网与 BF 的回形楼梯，虚与空的楼梯作了特殊处理，将向下的动线隐藏其中，更像遁入另一时空的方形盒子。

40mm 厚中空铜网采用 1.5mm 厚不锈钢冲压制成，通过顶面钢架及墙面支点固定，将整个钢楼梯包裹起来。

钢楼梯主体大梁采用 16mm 厚钢板制成，与地面、结构梁固定铁板焊接，总高度 7.035m，由四个梯段组成，每步步高 175.8mm，踏步由 40mm×40mm 镀锌方管 +8mm 厚压花钢板为底，表面材料为东芬白大理石，踏步下方暗藏 LED 灯带，整体造型精致典雅，独具匠心。

BF 层是一个敞开式的大书房，酒架、餐台、书柜是地下室的尺度与张力的表现层面，古铜色金属构件、染色木饰面与云纹丝绸包裹的亚克力，构成挑高两层的正面书架，与空间气韵相搭配。整个地下室书架采用前后两层式构造，底层采用白色乳胶漆饰面，上下使用洗墙灯泛光；面层采用木饰面、铜网、亚克力层板为骨架，同时在亚克力层板中间加入 LED 灯带，使之通过云纹丝绸布料映射出来，光线明亮柔和。

中空铜网隔断

回形楼梯

敞开式书房

书架细部

上海 JW 万豪侯爵酒店项目精装修工程

项目地点

上海市浦东新区浦明路 988 号

工程规模

7039.01 万元

建设单位

上海申电投资有限公司

获得奖项

2019 年度上海市建设工程"白玉兰"奖
（市优质工程）
2020 年上海市建筑装饰工程优秀项目
2020 年中国建筑工程装饰奖

开竣工时间

2017 年 8 月 ~2019 年 1 月

施工范围

地上五到二十一层精装修工程

客房内装饰

上海鲁能 JW 万豪侯爵酒店北邻陆家嘴金融贸易区，南临南浦大桥和世博会园区，为上述地块之间最高的地标性建筑，也是黄浦江南段城市天际线上的一个重要过渡点，具有得天独厚的地理优势。

项目总建筑面积 114713m²，其中地上 39 层，建筑面积约 74041m²，地下 4 层，建筑面积 40672m²，定位为五星级豪华酒店及会议中心。公司负责承担标段二地上 5 到 21 层酒店客房及走道部分精装修（除设备层 14F），酒店建筑设计与迪拜塔师出同门，由著名的美国 SOM 建筑设计事务所操刀，室内设计由美国 HBA（新加坡分部提供主创设计）完成。酒店拥有 500 间客房，其中标准大床房 220 间，标准双床房 171 间，标准大床房（无障碍）5 间，行政大床房 56 间，行政双床房 27 间，套房 19 间，副总统套 1 间，总统套 1 间；配有大、中、小三个会展宴会厅及一系列商务会议室及商务中心，并配以齐全的餐饮、健身、疗养设施。客房的风格设计优雅精致，宾客可以于摩登与经典并存的客房中尊享卓越时尚的设计和贴心温暖的定制化服务。

房间主色调由高贵奶油色和清新纯白色构成，大理石、织物、实木和玻璃的和谐组合让整个空间既灵动时尚，又经典高雅。

工程每个区域都有不同的功能和特色，其采用的饰面材料及规格尺寸相当繁杂，施工方法和手段也不尽相同。各种材料之间相交时，各工种相互配合，力求将每个施工区域的饰面材料的规格、尺寸做到精确。

酒店走廊

客房布置

本工程有特殊的隔声、阻燃要求。房间的隔声在建筑内尤为重要，它直接影响着房间的私密性，因此在施工过程中严格遵循设计师要求，对隔墙、地面等有隔声隔振要求的基层采取技术措施，特别是墙体做到通顶，内填允隔声材料，沿顶、地龙骨及墙体碰口处均须通长加装隔声条，内填岩棉；石膏板错缝安装，所有板与板之间、地面及吊顶的碰口之间都用软性密封胶封边，墙装面板线盒侧面及背面用石膏板加密封胶封实，避免接线盒背对背安装；管道穿墙位置岩棉填实，并用水泥砂浆封堵。

除此之外，门的隔声往往是最薄弱的环节，因为门面密度较小，属于轻薄围护构件。门的缝隙也是传声的重要途径。因此提高门的隔声量关键是门本身的材质以及四周缝隙的密封。所有公共区域有隔声要求的非机房门本身隔声量均在 STC35 以上。用梯口设计密封门缝隙，门框梯口处安装隔声条封堵缝隙。门底部采用自动下拉压条设计。

客房一角

工程一大特色是酒店采用了开放式卫生间。开放式卫生间没有一般卫生间的隔墙、挡水条之类的防水设计，因此如何做好防水是项目的难点也是特点。为此从控制防水层厚度以及防水材料涂刷方法两个方面入手控制防水工程的质量。防水层厚度必须控制在1.2mm内，如果防水层太厚，以后石材铺贴容易空鼓。防水层太薄，使用一定时间后容易产生漏水现象。本次防水的涂刷使用了横纵施工法，即一遍横刷一遍竖刷。横纵法能使每遍防水涂层紧密相连，减少防水涂层间的毛细孔，从而确保万无一失。同时为确保本次防水施工的质量，要求在与湿区紧邻的干区内制作墙地面防水，同时墙面防水高度不得低于吊顶高度。

本项目作为五星级酒店，房型众多，包含豪华大床房、豪华双床房、行政大床房、行政套房等十几种房型。为此，上海新丽指定多位资深深化设计师与专业放线员具体负责各种房型的设计深化及放线施工，以确保本项目的顺利实施。对于一些关系到项目最终产品品质的工序，明确核心工序的量化指标和管理要求，简化操作过程中各方对技术规范体系的理解，明确可操控指标体系。严格按规范、标准、设计要求施工，实行质量目标跟踪管理，关键部位设质量管理点，作为施工过程的"关键过程"，对有特殊要求的工序作为"特殊过程"制定作业指导书，进行班组技术交底，现场专兼职质检员随时做好跟踪检查，最终以近乎完美的施工质量在黄浦江畔为上海又增添了一颗璀璨的明珠。

卫生间

上海轨道交通网络运营指挥调度大楼精装修

项目地点
上海市徐汇区桂林路 909 号

工程规模
7039.01 万元

建设单位
上海申通地铁集团有限公司

获得奖项
2019 年度上海市建设工程"白玉兰"奖
（市优质工程）
2020 年上海市建筑装饰工程优秀项目
2020 年第十二届中国长三角优秀石材建设
工程综合大奖（金石奖）
2020 年中国建筑工程"鲁班奖"

开竣工时间
2017 年 10 月~2018 年 12 月

施工范围
地上一层至九层装饰

上海轨道交通网络运营指挥调度大楼外立面

上海轨道交通网络运营指挥调度大楼精装修项目位于上海市徐汇区桂林路 909 号。作为上海轨道交通全线运营的网络化指挥中枢，轨交网络调度大楼具备路网整体监控、集中调度、运营协调、应急指挥和辅助决策等功能。

上海新丽在本项目中主要负责施工范围有：1 层东西大厅、1 ~ 9 层电梯厅、2 ~ 7 层办公室、会议室，8 层调度中心，9 层应急指挥中心，地铁热线中心、1 ~ 7 层挑空区域。

东门厅

西门厅

一至三层大踏步

进入东大厅映入眼帘的是贯通一层到三层的奥特曼米黄石材楼梯。从设计上来说，这处石材楼梯摒弃复杂的转折、旋转，直接干净利落地从地面首层通过 108 级台阶层层递进直达地面三层，无论拾阶而上还是顺势而下皆直抒胸臆。整体设计空间开阔明亮，饰面造型凹凸有致，层次感极强。米黄色大理石装饰，在自然光和灯光的交织下，显得温暖舒适，增强了沉浸感，可让访者以轻松的心态，阅读现代建筑之美。

项目准备阶段就非常重视楼梯部位。进场后即刻安排设计师、BIM 工程师进驻现场，通过 BIM 技术 + 沉浸式 VR 技术配合业主对石材楼梯式样、饰面材料进行选择，同时配合华东设计院对石材楼梯地面、墙面石材的节点进行深化。在材料的挑选过程中，安排项目经理、工程师邀请业主、设计师共赴石材厂实地进行石材大板的挑选，从几十种石材中挑选出目前使用的奥特曼米黄石材。在石材加工过程中，BIM 工程师使用 BIM 技术与石材加工厂技术人员进行对接、交底后才开始安排石材加工。同时安排专职材料员进驻石材厂全程跟踪石材的整个加工、运输过程。在整个楼梯石材施工过程中，BIM 工程师也同时在现场从工艺上、技术上进行施工指导，最终呈现出令人惊艳的装饰效果：楼梯地面石材与墙面石材颜色、纹理、质感惊人地一致，从正面观赏，磅礴气势扑面而来。

位于 8 层、9 层贯通的中央调度大厅呈纺锤状，名曰太空舱。2254m² 的大厅运用了开敞式设计，墙面采用灰白色暖色调，灰蓝色地毯铺地，暗黑色天棚辅以牛眼灯，似夜空中的点点繁星，完美展现了现代材料的艺术效果。四条白色飘带横贯东西，潇洒飘逸，体现了城巿地铁时刻运行的流动之美。太空舱是轨道交通线网数据处理中心和指挥中枢。

中央调度大厅南侧，高约 12m 的墙面上，长达 62m、高达 3.5m 的超大屏幕，呈弧形排列直通夜空。屏幕面积约 217m²，由 140 套 70 英寸高清显示屏组成，这是地铁交通网络化信息采集及管理平台系统。全市的地铁运行状况将显示在可视化系统大屏幕上，让指挥中心第一时间了解到上海地铁线网的所有情况。

中央调度大厅的双曲面穿孔铝板吊顶。高 13.6m，原结构标高为 16m 且铝板为异形，因此双曲面铝板吊顶的排版、加工、吊装难度极大。双曲面铝板安装的高度为 13.6m，对于施工的安全性提出了更高要求。并且现场顶面内部各种管线繁多、情况复杂（如原有结构梁、强弱电桥架、空调风管、消防主管等）。按照前期项目施工的策划，使用 BIM 技术与土建、安装、消防等各家单位多次进行模型碰撞测试，通过试验获得最佳解决方案。在现场施工中同样运用了 BIM 技术，在基层制作时，对整个基层进行定位，辅助放线。异形铝板加工时，运用 BIM 技术对异形铝板进行放样、下单、检查铝板加工，确保整个异形铝板顶面的顺利完成。最终，整个顶面如银河般繁星点点，四条异形铝板造型宛若游龙，横贯东西。

太空舱（双曲面铝板墙面）挑空区域的高度为 28m，每一块铝板均呈弧形弯曲状，施工难度极大，且在太空舱铝板墙面内侧有 1h 和 3h 的防火隔墙。因此，墙面双曲面铝板的测量定位、外加工以及现场安装难度极大。收到业主下发的图纸及确定铝板供应商后，立即要求铝板供应商安排专业技术人员与专业技术人员进行技术方面的沟通，解决相关技术问题，依据现场完成面的尺寸进行铝板排版并绘制在电脑上移交给相关单位确认，在得到相关单位的确认后进行加工。在铝板加工完成后出场前进行试拼装以确保安装没有问题。从安全角度考虑，在挑空区域搭设满堂脚手架。考虑防火隔墙的高度，采用 10 号镀锌方钢管作为隔墙的支撑，在钢结构完成后，将 C100 轻钢龙骨固定在 10 号镀锌方钢管上，内填防火岩棉，表面封防火石膏板。上海新丽进入现场后安排专业技术人员对钢结构进行深化，采用 10 号镀锌方钢管作为主钢架，再利用 5 号镀锌方钢管作为铝板与钢结构的连接点对铝板进行固定。

在前期精心策划，中期严格施工、管理，后期尽全力配合运维下，项目最终装饰效果完美呈现，得到了业主、设计、监理、专家等各方的肯定，也为上海市轨道交通网络运营指挥调度大楼项目获得各个市级、国家级奖项打下了坚实的基础。

调度中心大厅

双曲面铝板顶棚

中国共产党第一次全国代表大会纪念馆屋顶及外立面工程

项目地点
上海市黄陂南路 373 号

工程规模
666.46 万元

建设单位
中国共产党第一次全国代表大会纪念馆

获得奖项
2021 年度上海市建设工程"白玉兰"奖
（市优质工程）
2020~2021 年度上海品质工程
2021 年中国建筑工程"鲁班奖"

开竣工时间
2020 年 9 月至 2021 年 4 月

施工范围
纪念馆屋顶及外立面

本馆外立面

纪念馆入口外立面

中国共产党第一次全国代表大会纪念馆（简称中共"一大"纪念馆）位于上海市黄陂南路 374 号（原法租界望志路树德里 106 号）。

中共"一大"纪念馆新馆作为建党百年的献礼工程，是传承红色基因、践行初心使命的重要载体和平台，具有十分重要的教育意义。

纪念馆新馆属于石库门风貌建筑，青砖清水墙砌筑，墙身有石库门造型拱形门套、墙体采用局部红砖镶嵌，集合女儿墙压顶，门套采用红砖造型线条，门头与山花部位（观音兜）采用红色元素的色彩肌理，屋面采用传统的小青瓦风格。

中共"一大"纪念馆新馆是一座拥有光荣革命历史的地标性建筑，是中国百年峥嵘岁月的见证。项目团队自接到施工任务以来，始终满怀敬仰之心进行建设，不畏艰险，协同业主、设计、总包等，多次奔赴各地考察选材，严格把关，精挑细选。

为原汁原味打造这一青砖红砖的石库门风貌建筑，项目早在地下结构施工时期就启动了清水砖的选材与策划工作，成立小组奔赴江苏、安徽等地实地考察砖块生产厂，从烧制工艺、成品强度、泛碱处理等方面进行了厂家比选，拟定符合设计要求的方案，并制作了现场实样为最终的定料提供依据。主体结构完成进入外立面施工后，项目在委派专人驻厂监督砖块挑选及硬包装工作的基础上，针对砖块排版放线、

纪念馆夜景

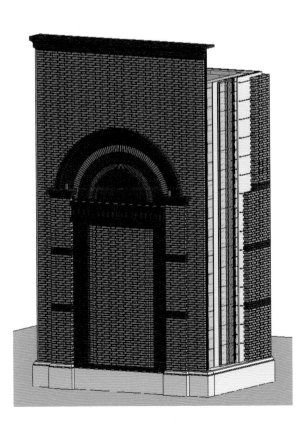
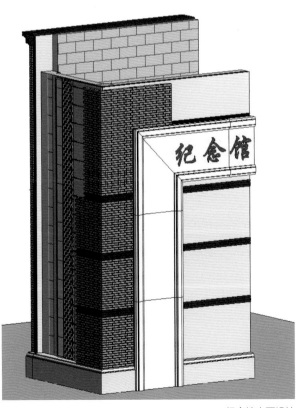

纪念馆立面设计

拱形门套异形砖加工等控制要点，通过 BIM 建模排版演示、提前进行工人砌筑手势手法考核等形式，进一步严格把关砌筑成品的质量。经过从墙面粉刷、放线，到防水、保温、钢板网施工，再到砌筑、修补、勾缝、保洁等共计 15 道工艺工序，于 2021 年 4 月中旬顺利竣工，为建党百年华诞书写了浓墨重彩的一笔。

项目团队严格按照施工标准，从开始就对关键问题深入研究，反复推敲，充分运用 BIM 信息化技术指导施工，横向到边，纵向到点，实现对施工细节的智能化管控，有效提高了施工效率。

经历 14 个月精雕细镂的不懈努力，在公司、项目部、设计院和技术部（BIM）的全力配合下，在和疫情斗争与时间赛跑的过程中，新丽人在短短 3 个月内，在 2600m² 的外墙上共砌筑了 32 万块青红砖。又用了 4 个月时间，进行观感精修，精心雕琢与耐心打磨，逐块修补，逐缝勾勒，确保每块砖头有棱有角，每条勾缝横平竖直，成功还原了红色文化的历史风貌。

立面展示

外立面拱券——旭日东升

外立面局部

立面纹理

正门门头

图书在版编目（CIP）数据

中华人民共和国成立 70 周年建筑装饰行业献礼.上海新丽装饰精品／中国建筑装饰协会组织编写；上海新丽装饰工程有限公司编著.—北京：中国建筑工业出版社，2022.1

ISBN 978-7-112-24292-4

Ⅰ.①中…　Ⅱ.①中…　②上…　Ⅲ.①建筑装饰－建筑设计－上海－图集　Ⅳ.①TU238-64

中国版本图书馆 CIP 数据核字（2019）第 213425 号

责任编辑：王延兵　费海玲　张幼平
书籍设计：付金红　李永晶
责任校对：芦欣甜

中华人民共和国成立70周年建筑装饰行业献礼

上海新丽装饰精品
中国建筑装饰协会　组织编写
上海新丽装饰工程有限公司　编著
　＊
中国建筑工业出版社出版、发行（北京海淀三里河路9号）
各地新华书店、建筑书店经销
北京方舟正佳图文设计有限公司制版
北京雅昌艺术印刷有限公司印刷
　＊
开本：965毫米×1270毫米　1/16　印张：12½　字数：289千字
2022年1月第一版　2022年1月第一次印刷
定价：**200.00**元
ISBN 978-7-112-24292-4
　　（34166）